新世纪高职高专
数学类课程规划教材

工科数学基础

新世纪高职高专教材编审委员会 组编

主　编　杜明银　褚颜魁　葛　聪

副主编　王继禹　邢玮玮

　　　　李　娜　黄海松

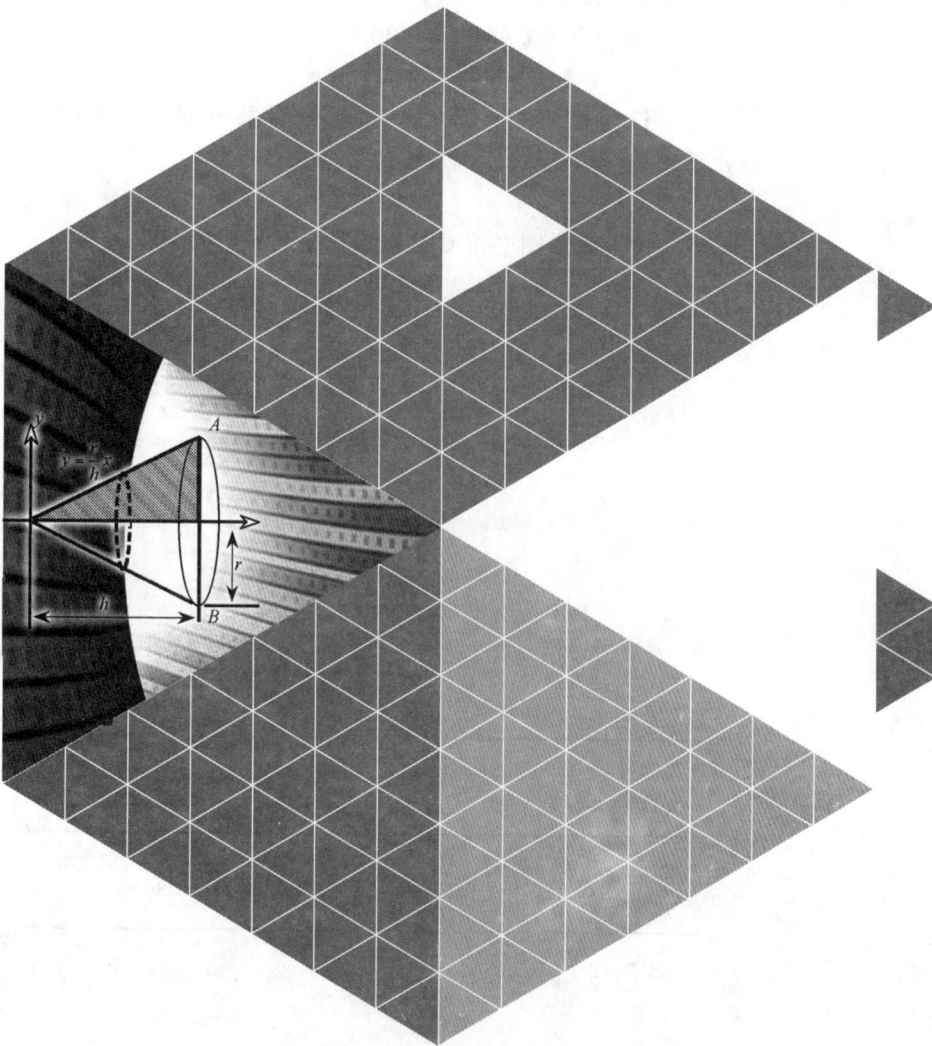

大连理工大学出版社

图书在版编目(CIP)数据

工科数学基础 / 杜明银，褚颜魁，葛聪主编. — 大
连：大连理工大学出版社，2014.9(2014.9重印)
新世纪高职高专数学类课程规划教材
ISBN 978-7-5611-9500-0

Ⅰ. ①工… Ⅱ. ①杜… ②褚… ③葛… Ⅲ. ①高等数
学－高等职业教育－教材 Ⅳ. ①O13

中国版本图书馆 CIP 数据核字(2014)第 203207 号

大连理工大学出版社出版
地址:大连市软件园路 80 号　邮政编码:116023
发行:0411-84708842　邮购:0411-84708943　传真:0411-84701466
E-mail:dutp@dutp.cn　URL:http://www.dutp.cn
大连业发印刷有限公司印刷　　大连理工大学出版社发行

幅面尺寸:185mm×260mm　　印张:10.25　　字数:237 千字
2014 年 9 月第 1 版　　　　2014 年 9 月第 2 次印刷

责任编辑:欧阳碧蕾　　　　　　　　　　责任校对:周双双
封面设计:张　莹

ISBN 978-7-5611-9500-0　　　　　　　　　定　价:25.80 元

总　序

　　我们已经进入了一个新的充满机遇与挑战的时代，我们已经跨入了21世纪的门槛。

　　20世纪与21世纪之交的中国，高等教育体制正经历着一场缓慢而深刻的革命，我们正在对传统的普通高等教育的培养目标与社会发展的现实需要不相适应的现状作历史性的反思与变革的尝试。

　　20世纪最后的几年里，高等职业教育的迅速崛起，是影响高等教育体制变革的一件大事。在短短的几年时间里，普通中专教育、普通高专教育全面转轨，以高等职业教育为主导的各种形式的培养应用型人才的教育发展到与普通高等教育等量齐观的地步，其来势之迅猛，发人深省。

　　无论是正在缓慢变革着的普通高等教育，还是迅速推进着的培养应用型人才的高职教育，都向我们提出了一个同样的严肃问题：中国的高等教育为谁服务，是为教育发展自身，还是为包括教育在内的大千社会？答案肯定而且唯一，那就是教育也置身其中的现实社会。

　　由此又引发出高等教育的目的问题。既然教育必须服务于社会，它就必须按照不同领域的社会需要来完成自己的教育过程。换言之，教育资源必须按照社会划分的各个专业（行业）领域（岗位群）的需要实施配置，这就是我们长期以来明乎其理而疏于力行的学以致用问题，这就是我们长期以来未能给予足够关注的教育目的问题。

　　众所周知，整个社会由其发展所需要的不同部门构成，包括公共管理部门如国家机构、基础建设部门如教育研究机构和各种实业部门如工业部门、商业部门，等等。每一个部门又可作更为具体的划分，直至同它所需要的各种专门人才相对应。教育如果不能按照实际需要完成各种专门人才培养的目标，就不能很好地完成社会分工所赋予它的使命，而教育作为社会分工的一种独立存在就应受到质疑（在市场经济条件下尤其如此）。可以断言，按照社会的各种不同需要培养各种直接有用人才，是教育体制变革的终极目的。

随着教育体制变革的进一步深入，高等院校的设置是否会同社会对人才类型的不同需要一一对应，我们姑且不论，但高等教育走应用型人才培养的道路和走研究型（也是一种特殊应用）人才培养的道路，学生们根据自己的偏好各取所需，始终是一个理性运行的社会状态下高等教育正常发展的途径。

高等职业教育的崛起，既是高等教育体制变革的结果，也是高等教育体制变革的一个阶段性表征。它的进一步发展，必将极大地推进中国教育体制变革的进程。作为一种应用型人才培养的教育，它从专科层次起步，进而应用本科教育、应用硕士教育、应用博士教育……当应用型人才培养的渠道贯通之时，也许就是我们迎接中国教育体制变革的成功之日。从这一意义上说，高等职业教育的崛起，正是在为必然会取得最后成功的教育体制变革奠基。

高等职业教育还刚刚开始自己发展道路的探索过程，它要全面达到应用型人才培养的正常理性发展状态，直至可以和现存的（同时也正处在变革分化过程中的）研究型人才培养的教育并驾齐驱，还需要假以时日；还需要政府教育主管部门的大力推进，需要人才需求市场的进一步完善发育，尤其需要高职教学单位及其直接相关部门肯于做长期的坚忍不拔的努力。新世纪高职高专教材编审委员会就是由全国 100 余所高职高专院校和出版单位组成的、旨在以推动高职高专教材建设来推进高等职业教育这一变革过程的联盟共同体。

在宏观层面上，这个联盟始终会以推动高职高专教材的特色建设为己任，始终会从高职高专教学单位实际教学需要出发，以其对高职教育发展的前瞻性的总体把握，以其纵览全国高职高专教材市场需求的广阔视野，以其创新的理念与创新的运作模式，通过不断深化的教材建设过程，总结高职高专教学成果，探索高职高专教材建设规律。

在微观层面上，我们将充分依托众多高职高专院校联盟的互补优势和丰裕的人才资源优势，从每一个专业领域、每一种教材入手，突破传统的片面追求理论体系严整性的意识限制，努力凸现高职教育职业能力培养的本质特征，在不断构建特色教材建设体系的过程中，逐步形成自己的品牌优势。

新世纪高职高专教材编审委员会在推进高职高专教材建设事业的过程中，始终得到了各级教育主管部门以及各相关院校相关部门的热忱支持和积极参与，对此我们谨致深深谢意，也希望一切关注、参与高职教育发展的同道朋友，在共同推动高职教育发展、进而推动高等教育体制变革的进程中，和我们携手并肩，共同担负起这一具有开拓性挑战意义的历史重任。

新世纪高职高专教材编审委员会

2001 年 8 月 18 日

前　言

　　《工科数学基础》是新世纪高职高专教材编审委员会组编的数学类课程规划教材之一。

　　数学是科学的基本语言,是表达工程技术原理、进行复杂工程设计和计算必不可少的工具。随着现代科学技术的发展,数学的社会化功能程度日益提高,在自然科学、社会科学、工程技术、工农业生产等领域中得到了越来越广泛的应用。因此,在我国高等学校的绝大多数专业的教学计划中,高等数学均列为必修课程或限定选修课程。

　　本教材着重介绍数学中的基本概念、基本原理和基本方法,它们都是初步的,但又是基本的。本教材强调直观性和应用性,注重可读性,突出基本思想,期望对学生后续课程的学习以及进一步深造有所裨益,对学生数学思维能力的增强和统计素质的培养有所裨益。

　　本教材的主要特点如下:

　　1.强调基本原理和方法,使学生领悟数学的精神实质和思想方法;

　　2.充分利用几何说明,帮助学生理解有关概念和理论;

　　3.强调数学概念和实际问题的联系;

　　4.增强教材的可读性,提高学生学习数学的兴趣。

　　本教材是河南理工大学万方科技学院集体智慧的结晶,由杜明银、褚颜魁、葛聪担任主编,王继禹、邢玮玮、李娜、黄海松担任副主编。

　　由于编者学识和阅历所限,书中不当和疏漏之处在所难免,敬请各位同行和读者不吝赐教。

编　者

2014 年 9 月

所有意见和建议请发往:dutpgz@163.com

欢迎访问教材服务网站:http://www.dutpbook.com

联系电话:0411-84707492　84706104

新世纪

目 录

绪　论

要说数学,东西很多,如数学之灵魂、数学之功能、数学之奇妙、数学之美丽、数学之有趣等.

首先谈数学与人类生活

让我们从一封"情书"开始谈起吧.

亲爱的丁:

在组织的关怀下,在领导的关心下,一年来,我们的感情正沿着健康的道路蓬勃发展.这主要表现在:

(1)我们共通信 121 封,平均 3.01 天一封,其中你给我的信 51 封,占 42.1%;我给你的信 70 封,占 57.9%.每封信平均 1 502 字,最长的有 5 215 字,最短的也有 624 字.

(2)我们约会 98 次,平均 3.7 天一次,其中你主动约我 38 次,占 38.8%;我主动约你 60 次,占 61.2%.每次约会平均 3.8 小时,最长 6.4 小时,最短 1.6 小时.

(3)我到你家看望你父母 38 次,平均 9.6 天一次;你到我家看望我父母 36 次,平均 10.1 天一次.

以上事实充分证明,通过一年的交往,我们已经达成了恋爱共识,我们的爱情主流是相互了解、相互关心、相互帮助、平等互利.

当然,任何事物都是一分为二的,缺点的存在是不可避免的.我们二人虽然都是积极的,但从以上的数据看,发展还不太平衡,积极性还存在一定差距,这是前进中的缺点.相信在新的一年里,我们一定会发扬成绩、克服缺点、携手前进,开创我们爱情的新局面.因此,我提出三点意见供你参考:

(1)要围绕一个爱字;

(2)要狠抓一个亲字;

(3)要落实一个敢字.

我们要弘扬团结拼搏的精神,共同振兴我们的爱情,争取让我们的爱情达到一个新高度,登上一个新台阶.本着幸福由我们主宰、爱情由我们创造、幸福属于我们的精神来发展我们的感情,共创我们人生的辉煌!

你的王子

从这封情书中大家能知道什么?

有两句耐人寻味的简短的话:一个人不识字可以生活,但若不识数就很难生活了!

美国在 20 世纪长期享有经济繁荣,一个重要原因就是人才云集带来创新迭出.进入 21 世纪,全球竞争越来越成为人才的竞争.为此,美国在全球范围内发起了一场争夺高素质人才的攻势,那么何为高素质人才?在美国,高素质人才往往与四个英文字母 STEM

联系在一起：

S——Science，T——Technology，E——Engineering，M——Mathematics.

一个人从小学一年级到大学一年级，一般要学 13 年的数学课程，只有语文课能与之相比.可大多数人认为数学难学，真的是这样吗？现实中许多人并未因为学数学时间长而掌握数学的精髓，相反，大多数学生对数学的思想、精神了解得比较肤浅，数学素养较差，基本上都认为学数学就是为了会做题、应付考试，而不知道"数学方式的理性思维"的重大价值，也不了解数学在人类生活中的重要作用，更谈不上理解"数学文化"的含义了.

实际上，大学生毕业后走向社会，如果不在与数学相关的领域工作，其学过的数学知识可能大多用不上，甚至很快就忘记了.但是，你从数学学习中获得的素养、思维和看问题的着眼点等，会时时刻刻起作用，使你终身受益！

数学使人类生活更精彩，数学对人类生活的影响主要反映在数学知识、方法和思维的应用上.人类生活直接或间接受益于数学，数学和人类生活的关系恰似氧气和人类生命的关系.人类生活直接受益于数学至少表现在以下几个方面：优化、效率、释疑、理智、智胜、解释现象、锻炼思维等.

下面仅举几例来说明：

抽奖问题：假如某种抽奖活动有 10％的中奖率，下面两件事情，你认为哪个更容易发生？

A.抽奖一次就中奖　　B.连续抽取 20 次均不中奖

一般人认为，A 会更容易一些，因为一次中奖的可能性为 10％，而连续 20 次都不中奖似乎是不可能的，甚至有人认为连续抽 10 次就应该有一次中奖.其实，答案是 B 发生的可能性更大.理由是，抽取一次中奖的可能性为 10％，从而抽取一次不中奖的可能性为 90％，因此连续抽取 20 次均不中奖的可能性为（90％）^{20}＝12.16％＞10％（抽取一次中奖的可能性）.

保险问题：有一个保险产品，合约条款如下：

(1)被保险人每年交给保险公司 5 万元保费，连续缴纳 5 年，共 25 万元；

(2)从第二年开始，保险人每年返还被保险人 4 500 元（免利息税），直至被保险人身故，并在被保险人身故时将保费 25 万元全部返还；

(3)从投保日算起，若在 8 年内投保人弃保，保险人将被保险人已缴纳的保费扣除已经返还的部分后的余额全部返还被保险人；

(4)投保满 8 年后，被保险人若要退保，保险人支付其全部保费 25 万元，保险合约终止.

现以 2010 年 9 月公布的人民币 1 年、2 年、3 年、5 年定期银行存款利率分别为 2.5％、3.25％、3.85％和 4.2％为准，问：上述保险产品是否值得购买？

许多人认为，这个很合算，因为只付 5 年保费，可以得到终身保障，而且最终还要完全归还本金.但是，简单的数学计算告诉你：这个保险产品不可买.

事实上，若 8 年内弃保，此保险对被保险人没有任何价值.若 8 年后弃保，按照指定利率简单计算可知(前 4 年初缴纳的保费可以按照 5 年定期利率,第 5 年初缴纳的保费可以按照 3 年定期利率,期满续存,计算过程略),8 年结束时所付保费的本息和至少为 31.16 万元,而 8 年结束时被保险人获得的收入按照本息和计算(方法同上)至多为 4.09 万元. 这就意味着,按照银行定期存款利率计算,被保险人投入的资金在 8 年底时的净余额至少为 27.07 万元.此后,若不弃保,可以按照 5 年定期存款利率 4.2% 计算,每年的利息应该至少为 11 369 元,扣除利息税 20%,还应得到 9 095 元.即使按照 1 年期定期利率 2.5% 计算,每年的利率也应该为 6 767.5 元,扣除利息税 20%,还应得到 5 414 元,远高于保险公司支付的 4 500 元的利息.因此,这个保险产品不值得购买.

促销问题:某商场举办促销活动,服装类买满 100 送 80,皮鞋类买满 100 送 50,零头不送.假如你想买一双皮鞋 480 元,买一件衬衣 320 元,赠券可以随意购物,你会如何购买?

如果先买皮鞋(付现金 480 元,得赠券 200 元),再买衬衣(用赠券 200 元,再付现金 120 元,再得赠券 80 元),则将总共付现金 600 元,最后余下赠券 80 元;

如果先买衬衣(付现金 320 元,得赠券 240 元),再买皮鞋(用赠券 240 元,再付现金 240 元,再得赠券 100 元),则将总共付现金 560 元,最后余下赠券 100 元;

后者相当于付款 560-100=460(元),而前者相当于付款 600-80=520(元),比后者多付 13%.

解释现象

犹太人经济学家巴特莱在总结事物主次关系时发现:正方形内切圆面积与正方形除去其内切圆后剩余部分面积之比为 $\pi:(4-\pi)\approx 78:22$,这一比值被称为"宇宙大法则". 自然中有许多这样的构成:空气中的氮、氧之比,人体中的水分与其他物质之比,地球表面水陆面积之比.

意大利经济学家曾据此提出一个近似原理:

事物中琐碎的多数与重要的少数之比适合 80:20,或事物 80% 的价值集中在其 20% 的组成部分中,人们称之为"二八法则".现实生活中有许多这样的例子,例如:

(1)世界上 80% 的财富集中在 20% 的人手上;

(2)逛商店的人中的 20% 购买了全部销售商品的 80%;

(3)人的 10 个手指头中右手(或左手)的两个指头(拇指和食指,占 20%)担负了全部手指 80% 的劳动;

(4)字典里 20% 的词汇可以应付 80% 的使用;

(5)80% 的生产量来自 20% 的生产线;

(6)80% 的病假来自 20% 的员工;

(7)80% 的菜来自 20% 的菜色;

(8)80% 的时间所穿的衣服来自衣柜中 20% 的衣物;

(9)80% 的看电视时间花在 20% 的电视频道上;

(10)80% 的阅读书籍来自书架上 20% 的书籍;

(11)80％的看报时间花在20％的版面上；

(12)80％的电话通话时间来自20％的发话人；

(13)80％的外出吃饭都前往20％的餐馆；

(14)80％的讨论出自20％的讨论者；

(15)80％的投诉针对20％的产品；

(16)80％的科研成果来自本单位20％的员工；

……

女孩子为什么喜欢穿高跟鞋,是因为穿上高跟鞋会显得更漂亮、更有美感.其实,女孩子凭直觉得出的这一结论是有道理的.一个人的躯干(肚脐到脚底的长度)与身高的比越接近0.618就越能给人以美感.很可惜,一般人的躯干与身高的比例都低于0.618,大约只有0.58~0.60,而穿上高跟鞋就可以改变这一比值.0.618是什么数字?

在现代艺术舞台上,有经验的节目主持人在报幕时,不是站在舞台中央,而是站在离左边或右边多一点的位置,这一位置近视于"黄金分割点".这样做使观众在视角上感到主持人自然大方,在听觉上音响效果也比较好.芭蕾舞演员之所以用脚尖跳舞,就是因为这样能使观众感到演员的腿长与身高的比例更加符合黄金分割,舞姿显得更加优美.

黄金分割与建筑、战争、音乐等都有关系.

锻炼思维

看故事:一次,美国滑稽大师马丁·格登纳根据哈佛大学数学教授贝克先生告诉他的办法,成功地邀请了一位年轻姑娘一起吃饭.

格登纳对这位姑娘说:"我有三个问题,请你对每个问题只用'Yes'或'No'回答,不必多做解释.第一个问题是:你愿意如实地回答我的下面两个问题吗?"

姑娘说:"Yes!"

"很好",格登纳继续说:"我的第二个问题是,如果我的第三个问题是'你愿意和我一起吃晚饭吗',那么,你对这后两个问题的答案是不是一致的呢?"

可怜的姑娘不知如何回答是好,因为不管她怎样回答第二个问题,她对第三个问题的回答都是肯定的.因此,他们很愉快地在一起吃了一顿美美的晚餐.

事实上,如果她回答"Yes",这自然表明她同意与他一起共进晚餐.但是,如果她回答"No",说明她对第三个问题的答案与此不同,那就是"Yes",同样表明她同意这次约会.

格登纳问题的巧妙之处在于,他把第二和第三个问题嵌套在一起,犹如数学中的复合函数.于是姑娘对第二个问题的回答就不可避免地包含了两层意思:一个是对第二个问题本身的答案,另一个是对二者关系的答案.这种圈套设计巧妙,使得姑娘无法逃脱.这是一次让她无法说"No"的约会.

在"让她无法说'No'的约会"这个故事里,姑娘陷入了滑稽大师的圈套"不能自拔".这种现象让人感觉迷惑,不知所措.在数学与哲学中,有一种称作"悖论"的语句,更让人惊奇:它是亦真亦假,真假难辨!

锻炼思维的另一方面

看故事:一位画家收了三个弟子,为了考察徒弟们对绘画奥妙掌握的程度,画家出了一道题:要求三个弟子各自用最经济的笔墨,在给定大小的纸上画出最多的骆驼.

第一个弟子为了多画一些,他把骆驼画得很小、很密,纸上显示出密密麻麻的一群骆驼;第二个弟子为了节省笔墨,他只画骆驼头,从纸上可以看到很多骆驼;第三个弟子在纸上用笔勾画出两座山峰,再从山谷中走出一只骆驼,后面还有一只骆驼只露出半截身子.

三张画稿交上去,第三个弟子的画因构思巧妙、笔墨经济、以少含多而被认定为最佳作品.

为什么只画出一只半骆驼的这幅画会胜过画出许多骆驼的另外两幅画呢?原因在于:第一幅画虽然画出一群骆驼,但可以看出是有限的;第二幅画只画骆驼头,既节省笔墨,又画出较多的骆驼,但仍然没有本质的变化;这第三幅画就不同了,从山谷中走出的那只骆驼,让人联想到山谷中紧跟的一只又一只的骆驼,似乎是无穷无尽的.这里实际上是巧妙地利用了人们善于归纳与联想的思想,是归纳法原理的生活化,是巧妙运用归纳法的一个例子.而归纳法使用不当,则会得到荒谬的结论.

"秃子"的问题:对于"秃子"大家一般会有一个大体一致的判别.现在我们想一想:如果一个人只长了 1 根头发,估计大家都会认为他是秃子,谁也不会在乎他那 1 根头发的存在.因此,只长 1 根头发的人是秃子.其次,如果一个秃子,他头上长了 n 根头发,那么他要是再长 1 根头发,也就是说长了 $n+1$ 根头发的时候,还是不是秃子呢?问一问身边的朋友,他们会异口同声地说:"他还是秃子."因此,如果长 n 根头发的人是秃子,那么长 $n+1$ 根头发的人也是秃子.于是根据归纳法原理,不论长多少根头发的人都是秃子.这个世界是个秃子世界!这显然是个荒谬的结论.

问题出在什么地方呢?归纳法原理肯定没有问题,其关键在于"秃子"作为一个一般概念,没有被界定严格的数学意义,没有用"头发的数量"来具体定义,从"秃子"到"非秃子"是一个模糊的渐变过程,因此不能使用数学归纳法.

类似地,还有"麦堆"的问题:1 粒小麦当然不是"一堆小麦",假如 n 粒小麦不是"一堆小麦",那么显然再加 1 粒而成为 $n+1$ 粒小麦时当然也不是"一堆小麦".因此,不论多少粒小麦都不是"一堆小麦".这又是一个荒谬的论断,其原因与秃子世界是一样的.

最后值得说明的是,数学归纳法可以用来证明与自然数 n 有关的数学命题,但并非每一个与自然数 n 有关的数学命题都必须用数学归纳法证明,而且并非任意一个与自然数有关的命题都能用数学归纳法证明(如费马猜想"$n>2,x^n+y^n=z^n$ 无正整数解")

作为结束语,我们再回到一开始那封情书上.

这场恋爱的起初是两人通信,所以就"统计"了两个人通了多少封信,平均多少天一封,你给我的、我给你的各占多少比例,信中有多少字等,这些很像某项体育比赛后的"体育统计",但这里还多了一项内容:最长的信是 5 000 多字,最短的信是 600 多字,"最长""最短"有何用?上升到统计学里,叫作极大、极小,称为"极值统计量".接着分析这封情书:两人谈恋爱不仅靠写信,还要见面、约会.因此就要统计一年见过几次面,平均多少天一次,谁主动约谁,每次平均约会多长时间,最长、最短的约会各有几个小时,都是在做统计.

谈朋友到一定程度,还要让双方父母看看.如果父母都同意了,那么这个婚姻差不多就成了.我到你家、你到我家各多少次,平均多少次等,也是在做统计.

写信、见面、见双方父母,恋爱三部曲后又做了总结:主流是好的,前进方向是好的,还需要继续发展,这些仍然是在做统计.统计不是简单地列出数据就完了,还要分析数据,做出总结.当然事物都是一分为二的,也要看到不足,找出差距,提及目标.适时地提出了一个"爱、亲、敢"三字目标,发展感情.此时,前景就非常好了.

从这封情书内容就粗浅地理解了"统计".这就是统计,但这只是统计最基本的东西.

注:本内容摘录自河南大学数学与信息科学学院李登峰教授演讲稿,稍做改动.

第1章

生活中的数学

1.1 让数学帮你理财

某银行为鼓励孩子们养成储蓄习惯,提出了一个颇有心思的储蓄计划.参加者除享有较高年息优惠外(见下表),更可以低价换取手表一只.先不论以低价换表是否真的超值,这种宣传方法就颇具心思.手表与户口连在一起,正好意味着利息随时间递增的关系.

储蓄计划优惠年息一览表

每月存款(港币)＄1 000				
存期(月)	每年复息利率	到期存款(港币)	利息(港币)	到期本息金额(港币)
9	6.625%	9 000	252	9 252
12	7.125%	12 000	473	12 473
15	7.375%	15 000	759	15 759
18	7.75%	18 000	1 146	19 146
24	8.00%	24 000	2 106	26 106

银行的宣传小册子更注明十一岁至十七岁的孩子已可开个人户口.这群"准客户"大多是接受中学教育的适龄儿童.无论他们有兴趣参加与否,总希望他们或早或迟地懂得储蓄计划背后的数学原理.

这个储蓄计划是以每月存入定额存款来计算利息,而存款期限愈长,利率则愈高.为了更有效地理解表中"到期本息金额"是如何计算出来的,且让我们设 A 为每月存款的金额,$r\%$ 为月息利率.月息利率是由"每年复息利率"除以 12 而来的.譬如说,存款期限为 9 个月,从表中得知每年复息利率是 6.625%,因此月息利率为 6.625% ÷ 12,即约是 0.552 1%.

存款 1 个月后,到期本息金额为
$$A_1 = A(1 + r\%);$$

存款 2 个月后,到期本息金额为
$$A_2 = (A + A_1)(1 + r\%)$$
$$= A[(1 + r\%) + (1 + r\%)^2];$$

存款 3 个月后,到期本息金额为
$$A_3 = (A + A_2)(1 + r\%)$$
$$= A[(1 + r\%) + (1 + r\%)^2 + (1 + r\%)^3];$$

依次类推,存款 n 个月后,到期本息金额(A_n)为

$$A_n = A[(1+r\%) + (1+r\%)^2 + (1+r\%)^3 + \cdots + (1+r\%)^n].$$

为了简化上式,设 $x = 1+r\%$,

$$A_n = A(x + x^2 + x^3 + \cdots + x^n).$$

括号内的式子在数学上称为等比级数:首项是 x,公比亦是 x.利用公式,我们便可把 A_n 写成

$$A_n = A\left[\frac{x(x^n-1)}{x-1}\right], \text{其中 } n > 1. \tag{$*$}$$

现在就让我们运用上面这个公式找出表中第一行的"到期本息金额":

$$A = 1\,000,$$

$$x = 1 + r\% = 1 + \frac{6.625\%}{12} = 1.005\,521,$$

将 A 和 x 代入式($*$),则

$$A_9 = 1\,000\left[\frac{1.005\,521(1.005\,521^9-1)}{1.005\,521-1}\right] \approx 9\,252.$$

表中其余的"到期本息金额"不如留给你算算,看看表中列的数字是否准确.

1.2 赌马中的数学问题

随着中国的改革开放,境外许多事物渐渐被生活在大陆的人知晓,诸如赌马、六合彩等常在媒体中提及.对我们来说,了解一些原来不熟悉的东西也是必要的.其实,一些博彩游戏和古老的赌博有许多相似之处,我们可以用初等概率知识对其中的现象作一定的分析.

我们以赌马问题为例.为简便起见,假设只有两匹马参加比赛.通过对决定马匹胜负的各因素的研究以及对以往赛事胜负情况的统计分析,我们可得出两匹马各自胜出的实际概率.不失一般性,设其中一匹马胜出的实际概率为 p,则另一匹马胜出的实际概率为 $1-p$.那么,参赌者该如何下注以最大的限度确保他们能赢得钱呢?

要解决这个问题必须先弄明白庄家的赔率是如何设定的.所谓赔率,是指押注 1 元钱于胜方所获得的总金额.举例来说,若赔率为 1.65 元,则如押注 1 元的一方恰好胜出,可得收益 0.65 元,加上本金,一共可得 1.65 元;如押注负方,则会失去所押注的 1 元,但不需要另外再输钱.现在,我们知道了马匹胜出的实际概率,知道了庄家设定的赔率,就可以分析参赌者该如何下注.这里,设总金额为 1 元,并设在第一匹马上押注 a 元,则在第二匹马上押注($1-a$)元.至于具体押注多少,参赌者可以将总金额按该比例分配给这两匹马.于是,可得下表:

马匹	第一匹	第二匹
胜出的实际概率	p	$1-p$
庄家设定赔率(元)	r_1	r_2
押注(元)	a	$1-a$

如果第一匹马赢,参赌者可得到 $r_1 a$ 元,再减去付出的 1 元,参赌者的收益为($r_1 a -1$)元;同理,如果第二匹马赢,参赌者的收益为$[r_2(1-a)-1]$元.考虑到两匹马胜出的实

际概率分别为 p 和 $1-p$，参赌者的期望收益为 $D=p(r_1a-1)+(1-p)[r_2(1-a)-1]=a[pr_1-(1-p)r_2]+(1-p)r_2-1$，其中 $a\in(0,1)$。另外，若参赌者把所有钱都押注于第一匹马时，期望收益为 $p(r_1-1)$；若参赌者把所有的钱都押注于第二匹马时，期望收益为 $(1-p)(r_2-1)$。

　　自然，参赌者希望收益 $D>0$，所以要求：$D=a[pr_1-(1-p)r_2]+(1-p)r_2-1>0$，$a\in(0,1)$。

　　(1)当 $pr_1-(1-p)r_2>0$，且 $(1-p)r_2-1>0$，即当 $pr_1-(1-p)r_2>0$，且 $r_2>\dfrac{1}{1-p}$ 时，不论 a 取何值，D 恒大于 0，且当 a 趋于 1 时，D 趋于极大值 pr_1-1。实际上，当 $a=1$，即参赌者把钱全押注于第一匹马上时，有收益 $p(r_1-1)>pr_1-1$。所以参赌者应当把钱全部押注于第一匹马上。

　　(2)当 $pr_1-(1-p)r_2<0$，且 $(1-p)r_2-1>0$，即当 $pr_1-(1-p)r_2<0$，且 $r_2>\dfrac{1}{1-p}$ 时，收益 D 随着 a 的变大而变小，且当 a 趋于 0 时，D 趋于极大值 $(1-p)r_2-1$。实际上，当 $a=0$，即参赌者把钱全押注于第二匹马上时，有收益 $(1-p)(r_2-1)>(1-p)r_2-1$。所以参赌者应当把钱全押在第二匹马上。

　　(3)当 $pr_1-(1-p)r_2>0$，且 $(1-p)r_2-1<0$ 时，为使 $D>0$，应满足：$a>\dfrac{1-(1-p)r_2}{pr_1-(1-p)r_2}$。又因为 $0<a<1$，所以 $pr_1>1$，则 $r_1>\dfrac{1}{p}$。即当 $r_1>\dfrac{1}{p}$，且 $r_2<\dfrac{1}{1-p}$ 时，参赌者按 $a>\dfrac{1-(1-p)r_2}{pr_1-(1-p)r_2}$ 分配赌注可期望赢利，且当 a 趋于 1 时，收益 D 趋于极大值 pr_1-1。同(1)情况，可知这时参赌者应把钱全押注于第一匹马上，有收益 $p(r_1-1)$。

　　(4)当 $r_1<\dfrac{1}{p}$，且 $r_2<\dfrac{1}{1-p}$ 时，不论赌注如何分配，参赌者的期望收益恒为负。在这种情况下，参赌者介入其中是不理智的行为。

　　以上是参赌者在已知胜出概率及赔率时选择的策略。同样，庄家在设置赔率时，一定会对实际各匹马胜出的概率作一番认真研究，由此设定相应赔率。这样，他才有可能不赔本。由此当庄家设置一个赔率时，我们也可以反推庄家所估计的各匹马胜出的概率。例如，庄家赔率设定为 15，则我们大致可以知道该马匹胜出概率大致应小于 $\dfrac{1}{15}$。

　　其实，在其他涉及赔率、押注的简单模型中，我们也可以用相应的方法进行分析。当然，这只是对实际情况的一种简化。现实生活中的赌马不会仅有两匹，并且要求出各马匹实际胜出的概率是件非常困难的事，在一般情况下，只能求得近似解。

1.3　斐波那契数列

　　斐波那契数列在自然界中的出现是如此频繁，人们深信这不是偶然的。

　　(1)斐波那契数经常与花瓣的数目相结合。仔细观察图 1-1 中的各种花，它们花瓣的数目是斐波那契数。

3·····································延龄草、紫露草
5·····································野玫瑰、金凤花、飞燕草
8·····································血根草
13····································千日莲
21····································紫宛
34,55,84······························雏菊

| 延龄草 | 紫露草 | 野玫瑰 | 金凤花 | 飞燕草 |

| 血根草 | 千日莲 | 紫宛 | | 雏菊 |

图 1-1

(2)斐波那契数还可以在植物的叶、枝、茎等排列中发现. 例如,如图 1-2,在树木的枝干上选一片叶子,记其为数 0,然后依序点数叶子(假定没有折损),直到到达与那片叶子正对的位置,则其间的叶子数多半是斐波那契数. 叶子从一个位置到达下一个正对的位置称为一个循回. 叶子在一个循回中旋转的圈数也是斐波那契数. 在一个循回中叶子数与叶子旋转圈数的比称为叶序(源自希腊词,意即叶子的排列)比. 多数的叶序比呈现为斐波那契数的比.

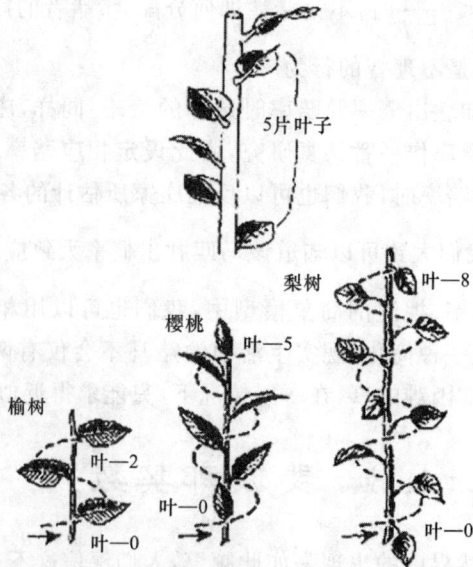

5片叶子

梨树　叶—8

樱桃　叶—5

榆树

叶—2

叶—0　叶—0　叶—0

图 1-2

（3）斐波那契数有时也称松果数,因为连续的斐波那契数会出现在松果的左和右的两种螺旋形走向的数目之中.这种情况在向日葵的种子盘中也会看到.(如图 1-3)

13条左旋螺线和8条右旋螺线　　　　　　　向日葵的种子盘

图 1-3

（4）菠萝也是一种可以检验斐波那契数的植物.对于菠萝,我们可以去数一下它表面上六角形鳞片所形成的螺旋线数.(如图 1-4)

图 1-4

（5）斐波那契数列与黄金比值.

相继的斐波那契数的比的数列：

$$\frac{1}{1},\frac{2}{1},\frac{3}{2},\frac{5}{3},\frac{8}{5},\cdots,\frac{F_{n+1}}{F_n},\cdots$$

即

$$1,2,1.5,1.\dot{6},1.6,1.625,1.615\,3,1.619,\cdots$$

它们交错地或大于或小于黄金比 φ 的值.该数列的极限为 φ.这种联系暗示了无论（尤其在自然现象中）在哪里出现黄金比、黄金矩形或等角螺线,那里也就会出现斐波那契数,反之亦然.

1.4　蜂房中的数学

蜜蜂是勤劳的,它们酿造出了最甜的蜜;蜜蜂是聪明的,它们会分工合作,还会用舞蹈的形式告诉同伴:哪里有花源,数量怎么样.实际上,不仅如此,蜜蜂还是出色的建筑师,它们建筑的蜂房就是自然界诸多奇迹中的一个.(如图 1-5)

蜂房是正六棱柱的形状,它的底是由三个全等的菱形组成的.达尔文称赞蜜蜂的建筑艺术,说它是天才的工程师.法国的学者马拉尔狄曾经观察过蜂房的结构,在 1712 年,他写出了一篇关于蜂房结构的论文.他测量后发现,每个蜂房的体积几乎都是 0.25 厘米^3.

放大的蜂房

图 1-5

底部菱形的锐角是 70 度 32 分,钝角是 109 度 28 分,蜜蜂的工作竟然是这样的精细.物理学家列奥缪拉也曾研究了这个问题,他想推导出:底部菱形的两个互补的角是多大时,才能使得蜂房的容量达到最大,但没有把这项工作进行下去.苏格兰的数学家马克劳林通过计算得出了与前面观察完全吻合的数据.

公元 4 世纪,数学家巴普士就告诉我们:正六棱柱的蜂房是一种最经济的形状,在其他条件相同的情况下,这种结构的容积最大,所用的材料最少,并且他给出了严格的证明.看来,我们不得不为蜜蜂高超的建筑艺术所折服.马克思也高度地评价它:蜜蜂建筑蜂房的本领使人间的许多建筑师感到惭愧.现在,许多建筑师开始模仿蜂房的结构,并把它们应用到建筑的实践中去.

1.5　龟背上的学问

传说大禹治水时,在一次疏通河道中,挖出了一只大龟,人们很是惊讶,争相观看,只见龟背上清晰刻着一个数字方阵,如图 1-6 所示.

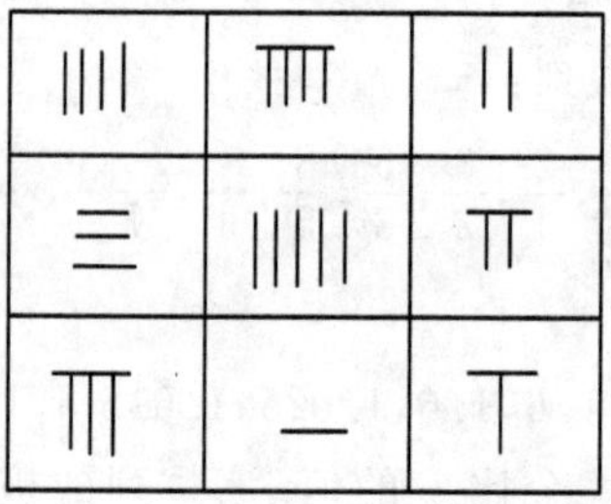

图 1-6

这个方阵,按《孙子算经》中筹算记数的纵横相间制:"凡算之法,先识其位.一纵十横,百立千僵,千十相望,万百相当.六不积算,五不单张."可译成现代的数字,如图 1-7 所示.

4	9	2
3	5	7
8	1	6

图 1-7

方阵包括了 9 个数字,每一行与列的数的和均为 15,两条对角线上的数也有相同的性质.当时,人们以为是天神相助,治水有望了.后来,人们称刻在龟背上的方阵为"幻方"(国外称为"拉丁方"),属于组合数学范畴.使用整数 1～9 构成的 3×3 阶"拉丁方"唯一可能的和数是 15,这一点只要把这"拉丁方"中所有数加起来便可证明:1＋2＋3＋4＋5＋6＋7＋8＋9＝45,要把这几个数分配到三行(或列),使得每行(或列)有同样的和,那么,每行(或列)的和应为 45÷3＝15.

组合数学是数学中的一个分支,在实际生活中应用很广泛,请看下面的例子:

5 名待业青年,有 7 项可供他们挑选的工作,他们是否能找到自己合适的工作呢?由于每个人的文化水平、兴趣爱好及性别等不同,每个人只能从 7 项工作中挑选某些工种,也就是说每个人都有一张志愿表,最后根据需求和志愿找到一个合适的工作.

组合数学把每一种分配方案叫一种安排.当然第一个问题是考虑安排的存在性,这就是存在问题;第二个问题是有多少种安排方法,这就是记数问题.接下去要考虑在众多的安排中选择一种最好的方案,这就是所谓的"最优化问题".

存在问题、构造问题、记数问题和最优化问题就构成了全部组合数学的内容.如果你想了解更多的组合数学问题,那就要博览有关书籍,你会获得许多非常有趣的知识,也会得到许多的启发和教益.

1.6　"压岁钱"与"赈灾小银行"

每年在正月里,长辈们都会给孩子们压岁钱,而大多数孩子们都把压岁钱存入了银行.下面以景山中学为例.为了能帮助失学儿童,景山中学准备办一个"赈灾小银行".要求同学们有多少钱存多少钱,存入学校里的"赈灾小银行",学校统一将同学们的压岁钱存入银行,毕业时本金还给同学们,利息捐给经济有困难的同学或灾区.

从小到现在,同学们收了十几年的压岁钱,假如平均每年按照 200 元存入银行,初中三年每个学生总共存入 600 元计算,景山中学初中部 24 个班级,初一、初二、初三各 8 个班,每班按 60 人计算,初三的存一年,初二的存二年,初一的存三年,年利率分别按 2.25％、2.40％、2.60％(2011 年中国人民银行利率)计算,则

初一段学生存三年的利息和为
$$(200×2.60％×3)×(60×8)＝7\ 488(元);$$

初二段学生存二年的利息和为
$$(200×2.40％×2)×(60×8)＝4\ 608(元);$$

初三段学生存一年的利息和为
$$(200×2.25％×1)×(60×8)＝2\ 400(元).$$

上述利息合计为
$$7\ 488＋4\ 608＋2\ 400＝14\ 496(元).$$

我国有那么多所中学,假如每所中学都建立小银行,或许他们利息和还会超过景山中学;假如小学也建立小银行,那么他们的利息和将比中学利息和高上好几倍.所以,在小学成立"赈灾小银行"更有意义与必要.为了灾区儿童有良好的读书环境,为了国家更繁荣、

昌盛,我们都应该行动起来,拿出自己的压岁钱,奉献自己的一片爱心.

1.7　建议班级购买一台饮水机

在炎炎夏日里,同学们遇到的难事就是饮水问题,为了使同学们过一个卫生、清洁、愉快的夏季,班级决定集资买一台饮水机,而每人又应出多少钱呢? 即使买了饮水机,是否比过去每个学生每天买矿泉水更节省、更实惠? 下面就来解答这个问题.

1.7.1　学生矿泉水费用支出

某中学共有 37 个班级,假设平均每班有 60 人,那么全校就有 $60 \times 37 = 2\,220$(人).一年中,学生在校的时间(除去寒、暑假和双休日)大约为 240 天,设春季、夏季、秋季、冬季各 60 天.在班级没有购买饮水机时,学生一般购买矿泉水,设每瓶矿泉水 1 元,学生春季、秋季每人 2 天 1 瓶矿泉水,则总共为 60 瓶;夏季每人每天 1 瓶矿泉水,则总共也为 60 瓶;冬季每人 4 天 1 瓶矿泉水,总共为 15 瓶.则

一年平均每名学生购买矿泉水费用为
$$(60 + 60 + 15) \times 1 = 135(元);$$

一年全班学生购买矿泉水费用为
$$135 \times 60 = 8\,100(元);$$

一年全校学生购买矿泉水费用为
$$8\,100 \times 37 = 299\,700(元).$$

1.7.2　使用饮水机费用

一台冷热饮水机的价格约为 700 元,某品牌大桶矿泉水为每桶 10 元,现每班都配备饮水机.设每班春、秋两季 2 天 1 桶,则需 60 桶;夏季每天 2 桶,则需 120 桶;冬季 6 天 1 桶,则需 20 桶.故

一学年每班需要
$$60 + 120 + 20 = 200(桶);$$

一学年每班水费为
$$200 \times 10 = 2\,000(元).$$

若电费折合为每学年每班 300 元,则一学年每班水电费为 2 300 元.所以,一学年每班购买饮水机的费用和水电费合计为
$$2\,300 + 700 = 3\,000(元);$$

每个学生平均一学年总费用为
$$3\,000 \div 60 = 50(元);$$

全校一学年总费用为
$$37 \times 3\,000 = 111\,000(元).$$

显然,通过计算,比较两项费用开支,每班购买一台饮水机要比购买矿泉水经济实惠

得多,一学年每个学生可以节省:

$$135-50=85(元);$$

每班一学年可节省:

$$85\times60=5\ 100(元);$$

全校一学年可节省:

$$5\ 100\times37=188\ 700(元).$$

188 700 元,一个了不起的数据,而我们每天又可以喝上卫生清洁、冷暖皆宜的饮水机的矿泉水,等我们毕业时还可以把饮水机赠给下届同学,何乐而不为呢? 因此,应提出倡议:在每个教室里配一台饮水机.

1.8　巧用数学看现实

在现实生活中,人们的生活越来越趋向于经济化、合理化,但怎样才能达到这样的目的呢?

在数学活动组里,有这样一道实际生活中的问题:

某报纸上报道了两则广告,甲商厦实行有奖销售:特等奖 10 000 元,1 名;一等奖 1 000 元,2 名;二等奖 100 元,10 名;三等奖 5 元,200 名.乙商厦则实行九五折优惠销售.请你想一想,哪一种销售方式更吸引人? 哪一家商厦提供给消费者的实惠大?

面对问题我们并不能一目了然.于是,我们首先作了一个随机调查.把全组的 16 名成员作为调查对象,其中 8 人愿意去甲家,6 人愿意去乙家,还有 2 人则认为去哪家都行.调查结果表明:甲商厦的销售方式更吸引人,但事实是否如此呢?

在实际问题中,甲商厦每组设奖销售的营业额和参加抽奖的人数都没有限制,所以我们认为这个问题应该有以下几种答案:

1.若甲商厦确定每组设奖,当参加人数较少,少于 213($213=1+2+10+200$)人时,人们会认为获奖概率较大,则甲商厦的销售方式更吸引顾客.

2.若甲商厦的每组营业额较多时,它给顾客的优惠幅度就相应地变小.因为甲商厦提供的优惠金额是固定的,共 14 000($14\ 000=10\ 000+2\ 000+1\ 000+1\ 000$)元,假设两商厦提供的优惠都是 14 000 元,则可求乙商厦的营业额为 280 000($14\ 000\div5\%=280\ 000$)元.

所以由此可得:

(1)当两商厦的营业额都为 280 000 元时,两家商厦所提供的优惠同样多.

(2)当两商厦的营业额都不足 280 000 元时,乙商厦的优惠则小于 14 000 元,而甲商厦提供的优惠仍是 14 000 元,甲商厦提供的优惠较大.

(3)当两家的营业额都超过 280 000 元时,乙商厦的优惠则大于 14 000 元,而甲商厦的优惠仍保持 14 000 元,乙商厦所提供的实惠大.

像这样的问题,我们在日常生活中随处可见.例如,有甲、乙两家液化气站,已知每罐液化气的质和量均相同,开始定的价也相同.为了争取更多的用户,甲、乙两家分别推出优惠政策,甲的办法是实行七五折销售,乙的办法是对客户自第二次换气以后实行七折销售.甲、乙两家的优惠期限都是一年.你作为用户,应该选哪家好?

这个问题与前面的问题类似,只要通过你所需要的罐数来分析讨论,这样,问题便可迎刃而解了.

随着市场经济的逐步完善,人们日常生活中的经济活动越来越丰富多彩.买与卖,存款与保险,股票与债券,……都已进入我们的生活.同时与这一系列经济活动相关的数学,如利比和比例,利息与利率,统计与概率,运筹与优化以及系统分析与决策,都将成为数学课程中的"座上客".

因此,我们不仅要学会数学知识,而且要会应用数学知识去分析、解决生活中遇到的问题,这样才能更好地适应社会的发展和需要.

1.9 商品调价中的数学问题

若将某商品先涨价 10% 后再降价 10%,所得的价格与原先的价格相比有无变化? 不少同学会不加思索脱口而出:那还用问吗? 肯定不变.果真如此吗?

若设这种商品原价为 100 元,则涨价 10% 后价格为 110 元,再降价 10% 就是 99 元,可见比原先的价格便宜了.所以很多事情不能想当然贸然下结论,还是动笔算一算为好,才能做到心中有"数".请研究下例:

某商品拟作两次调价,设 $p > q > 0$,有下列六种方案供选择:

A.先涨价 $p\%$,再降价 $q\%$;

B.先涨价 $q\%$,再降价 $p\%$;

C.先涨价 $\dfrac{p+q}{2}\%$,再降价 $\dfrac{p+q}{2}\%$;

D.先涨价 $\sqrt{pq}\%$,再降价 $\sqrt{pq}\%$;

E.先涨价 $\dfrac{p+q}{2}\%$,再降价 $\sqrt{pq}\%$;

F.先涨价 $\sqrt{pq}\%$,再降价 $\dfrac{p+q}{2}\%$.

若规定两次调价后该商品的价格最高的方案称为好方案.请判断其中哪一个是好方案.

分析 设某商品原价为 1,采用方案 A、B、C、D、E、F 调价后的商品价格分别为 a,b,c,d,e,f,则

$$a = (1+p\%)(1-q\%) = 1 + \frac{p-q}{100} - \frac{pq}{100^2},$$

$$b = (1+q\%)(1-p\%) = 1 + \frac{q-p}{100} - \frac{pq}{100^2},$$

$$c = \left(1 + \frac{p+q}{2}\%\right)\left(1 - \frac{p+q}{2}\%\right) = 1 - \frac{(p+q)^2}{4 \cdot 100^2},$$

$$d = (1+\sqrt{pq}\%)(1-\sqrt{pq}\%) = 1 - \frac{pq}{100^2},$$

$$e=\left(1+\frac{p+q}{2}\%\right)\left(1-\sqrt{pq}\%\right)=1+\frac{p+q}{200}-\frac{\sqrt{pq}}{100}-\frac{(p+q)\sqrt{pq}}{2\cdot100^2},$$

$$f=\left(1+\sqrt{pq}\%\right)\left(1-\frac{p+q}{2}\%\right)=1+\frac{\sqrt{pq}}{100}-\frac{p+q}{200}-\frac{(p+q)\sqrt{pq}}{2\cdot100^2}.$$

因为 $p>q$,所以

$$a-b=\frac{p-q}{100}-\frac{q-p}{100}=\frac{2(p-q)}{100}>0,$$

$$a-c=\frac{p-q}{100}-\frac{pq}{100^2}+\frac{(p+q)^2}{4\cdot100^2}$$

$$=\frac{p-q}{100}+\frac{(p+q)^2-4pq}{4\cdot100^2}$$

$$=\frac{p-q}{100}+\frac{(p-q)^2}{4\cdot100^2}>0,$$

$$a-d=\frac{p-q}{100}>0,$$

$$a-e=\frac{p-q}{100}-\frac{pq}{100^2}-\frac{p+q}{200}+\frac{\sqrt{pq}}{100}+\frac{(p+q)\sqrt{pq}}{2\cdot100^2}$$

$$=\frac{p-3q+2\sqrt{pq}}{200}+\frac{\sqrt{pq}(p+q-2\sqrt{pq})}{2\cdot100^2}$$

$$=\frac{(p-q)+2\sqrt{q}(\sqrt{p}-\sqrt{q})}{200}+\frac{\sqrt{pq}(\sqrt{p}-\sqrt{q})^2}{2\cdot100^2}>0,$$

$$a-f=\frac{p-q}{100}-\frac{pq}{100^2}-\frac{\sqrt{pq}}{100}+\frac{p+q}{200}+\frac{\sqrt{pq}(p+q)}{2\cdot100^2}$$

$$=\frac{3p-q-2\sqrt{pq}}{200}+\frac{\sqrt{pq}(p+q-2\sqrt{pq})}{2\cdot100^2}$$

$$=\frac{(p-q)+2\sqrt{p}(\sqrt{p}-\sqrt{q})}{200}+\frac{\sqrt{pq}(\sqrt{p}-\sqrt{q})^2}{2\cdot100^2}>0.$$

所以 $a>b,a>c,a>d,a>e,a>f$.

所以,方案 A 是好方案.

1.10　煤商怎样进煤利润高

日常生活中,有许多事情可采取多种方法来完成.哪种方法最好呢?哪种方法最省时或者最省钱?如果开办加工厂,加工某种东西,又怎样获得利润最高?这都需要精打细算.

比如开办一个煤厂,也就是把煤末加工成蜂窝煤,它需要以下几个步骤:(1)购买煤末;(2)掺好煤土;(3)加工成品;(4)销售.

虽然仅有这么简单的四步,但也要仔细计算一下,然后再决定怎样使煤厂利润更高.然而,煤厂利润会受到多种因素的影响,这里我们重点研究购买哪种煤末才能使利润更高,但还要注意成品的销售情况.

煤厂现在可以购进两种煤末,一种质量好些,价钱当然贵了,可多掺黄土;另一种质量次些,价钱却很便宜,但掺黄土不能过多.煤厂进哪一种煤末才能使利润更高呢? 这就得通过计算了,这里有三种方法.

第一种,购进好煤末.好煤末的进价是每吨 105 元,掺上占煤末 40% 的黄土,掺上占煤土 8% 的水,加工好的蜂窝煤售价是每吨 88 元.我们来计算一下购进好煤末 10 吨的利润是多少.首先要得出 10 吨煤掺黄土和水后,可加工多少吨蜂窝煤,再算出总价,减去成本,求出利润.用 10 吨煤末掺上占它 40% 的黄土,共 14 吨煤土,再掺上占煤土 8% 的水1.12 吨,共 15.12 吨煤,加工后可卖 $88 \times 15.12 = 1\ 330.56$(元).再来算一下成本,每吨煤末 105 元,10 吨共 1 050 元;每吨黄土 18 元,4 吨共 72 元;每吨水 0.6 元,1.12 吨共 0.672元.这 15.12 吨煤的成本为 $1\ 050 + 72 + 0.672 = 1\ 122.672$(元).最后算一下利润,用总价减去成本,得 $1\ 330.56 - 1\ 122.672 = 207.888$(元),平均每吨煤的利润约为 13.7 元,这段话用式子表示为:

$$\{88 \times [10 + 10 \times 40\% + (10 + 10 \times 40\%) \times 8\%] - (105 \times 10 + 18 \times 4 + 0.6 \times 1.12)\} \div 15.12 \approx 13.7(元).$$

第二种,购进次煤末.次煤末的进价是每吨 85 元,掺上占煤末 20% 的黄土和占煤土 8% 的水,加工好的蜂窝煤的售价同样也是每吨 88 元.我们同样计算购进 10 吨次煤的利润是多少,方法与计算好煤利润相同.用 10 吨煤末掺上占它 20% 的黄土,共 12 吨煤土,再掺上占煤土 8% 的水 0.96 吨,共 12.96 吨煤,加工后可卖 $88 \times 12.96 = 1\ 140.48$(元).我们同样也算一下它的成本,每吨煤末 85 元,10 吨共 850 元;每吨黄土 18 元,2 吨共 36元;每吨水 0.6 元,0.96 吨共 0.576 元.这 12.96 吨煤的成本为 $850 + 36 + 0.576 = 886.576$(元),它的利润为 $1\ 140.48 - 886.576 = 253.904$(元),平均每吨煤的利润约为 19.6 元,这段话用式子表示为:

$$\{88 \times [10 + 10 \times 20\% + (10 + 10 \times 20\%) \times 8\%] - (85 \times 10 + 18 \times 2 + 0.6 \times 0.96)\} \div 12.96 \approx 19.6(元).$$

第三种,购进好、次两种煤末.为了使煤质好些,好煤与次煤的混合比例为 2∶1.掺黄土占煤的百分之多少呢? 掺水又占煤土的百分之多少呢? 让我们来计算一下.

我们设掺次煤 A 吨,掺好煤 $2A$ 吨,我们算出 A 吨次煤和 $2A$ 吨好煤各掺多少黄土和水,算出黄土共是多少吨,占煤末的百分之几;算出水共是多少吨,又占煤土的百分之几.好煤应掺它的 40% 的黄土,所以 $2A$ 吨好煤应掺黄土 $2A \times 40\% = 80\% A$(吨),也就是$0.8A$吨,这种煤土应掺它的 8% 的水,所以 $(2A + 0.8A)$ 吨煤土应掺水 $(2A + 0.8A) \times 8\% = 22.4\% A$(吨),也就是 $0.224A$ 吨.

我们算完了 $2A$ 吨好煤应掺的黄土和水,再来算一下 A 吨次煤应掺多少黄土和水.次煤应掺的黄土占它的 20%,所以 A 吨次煤应掺黄土 $A \times 20\% = 20\% A$(吨),也就是 $0.2A$吨,这种煤土应掺的水仍占它的 8%,所以 $(A + 20\% A)$ 吨的煤土应掺水 $(A + 20\% A) \times 8\% = 9.6\% A$(吨),也就是 $0.096A$ 吨.

我们现在可以算出好、次两种煤共应掺黄土 $0.8A + 0.2A = A$(吨),占 $3A$ 吨煤的 $\frac{1}{3}$.

再来算一下水占煤土的百分之几,即 $\dfrac{0.224A + 0.096A}{3A + A} = 8\%$.这种掺法,水占煤土的百分比与好、次煤土分别所掺的水的百分比一样,仍是 8%.

　　我们知道了混合煤所掺黄土和水的百分比之后,就来算一下 10 吨混合煤加工成煤后,它的利润又是多少.方法与求好、次煤利润的方法相同.10 吨混合煤应是 $\frac{10}{3}$ 吨的次煤和 $\frac{20}{3}$ 吨的好煤混合成的,混合煤掺上它的 $\frac{1}{3}$ 的黄土 $3\frac{1}{3}$ 吨,共是 $13\frac{1}{3}$ 吨煤土,再掺上占煤土 8% 的水 $\frac{16}{15}$ 吨,共约为 14.4 吨煤,加工后可卖 $88 \times 14.4 = 1\ 267.2$(元).再算一下它的成本是 $\frac{20}{3}$ 吨好煤共 700 元, $\frac{10}{3}$ 吨次煤共 $283\frac{1}{3}$ 元, $3\frac{1}{3}$ 吨黄土共 60 元, $\frac{16}{15}$ 吨水共 $\frac{16}{25}$ 元.这 14.4 吨煤的成本是 $1\ 043\frac{73}{75}$ 元,利润为 $223\frac{17}{75}$ 元,平均每吨煤获利润约为 15.5 元,这段话用式子表示为:

$$\left\{ 88 \times \left[\left(\frac{20}{3} + \frac{10}{3} \right) + 10 \times \frac{1}{3} + \left(10 + 10 \times \frac{1}{3} \right) \times 8\% \right] - \left(105 \times \frac{20}{3} + 85 \times \frac{10}{3} + 18 \times \frac{10}{3} + 0.6 \times \frac{16}{15} \right) \right\} \div 14.4 \approx 15.5 (\text{元}).$$

　　通过计算,我们很明显地可以看出,购进次煤利润会更高,但是还要注意一下销售这个问题,因为煤厂一个冬天就要卖几百甚至上千吨煤,所以仅看每吨煤的利润是不行的,还要看一看哪种煤卖得快、卖得多.

　　我们分析一下三种煤的销售情况,好煤末加工成的煤,煤质好,大家都愿意买这种煤.混合煤末加工后的煤,因为好煤末多一些,大家也愿意买这种煤.而次煤末加工成的煤,煤质就不如那两种煤了,火苗又小烧得时间又短,大家都不愿意买这种煤.如果厂家大量加工这种煤,就卖不出去了.而另外两种煤,混合煤的利润比好煤的利润高一些,且也很受大家欢迎,所以煤厂应大批加工这种煤.

第2章

数量关系

2.1 基础代数公式与几何公式

2.1.1 基础代数公式

1. 平方差公式：$(a+b)(a-b)=a^2-b^2$.

2. 完全平方公式：$(a\pm b)^2=a^2\pm 2ab+b^2$.

　完全立方公式：$(a\pm b)^3=a^3\pm 3a^2b+3ab^2\pm b^3$.

3. 同底数幂乘法：$a^m \cdot a^n=a^{m+n}$　（m、n 为正整数，$a\neq 0$）；

　同底数幂除法：$a^m \div a^n=a^{m-n}$　（m、n 为正整数，$a\neq 0$）；

　$a^0=1$　（$a\neq 0$）；

　$a^{-p}=\dfrac{1}{a^p}$　（$a\neq 0$，p 为正整数）.

4. 等差数列

$(1) s_n=\dfrac{(a_1+a_n)n}{2}=na_1+\dfrac{1}{2}n(n-1)d$；

$(2) a_n=a_1+(n-1)d$；

$(3) n=\dfrac{a_n-a_1}{d}+1$；

(4) 若 a,A,b 成等差数列，则 $2A=a+b$；

(5) 若 $m+n=k+i$，则 $a_m+a_n=a_k+a_i$；

$(6) a_m-a_n=(m-n)d$.

（其中 n 为项数，a_1 为首项，a_n 为末项，d 为公差，s_n 为等差数列前 n 项的和）

5. 等比数列

$(1) a_n=a_1q^{n-1}$；

$(2) s_n=\dfrac{a_1(1-q^n)}{1-q}$　（$q\neq 1$）；

(3) 若 a,G,b 成等比数列，则 $G^2=ab$；

(4) 若 $m+n=k+i$，则 $a_m \cdot a_n=a_k \cdot a_i$；

$(5) \dfrac{a_m}{a_n}=q^{m-n}$.

（其中 n 为项数，a_1 为首项，a_n 为末项，q 为公比，s_n 为等比数列前 n 项的和）

6. 一元二次方程求根公式

$$ax^2 + bx + c = a(x - x_1)(x - x_2).$$

其中 $x_1 = \dfrac{-b + \sqrt{b^2 - 4ac}}{2a}$，$x_2 = \dfrac{-b - \sqrt{b^2 - 4ac}}{2a}$ $(b^2 - 4ac \geqslant 0)$.

根与系数的关系：

$$x_1 + x_2 = -\frac{b}{a}，x_1 \cdot x_2 = \frac{c}{a}.$$

2.1.2 基础几何公式

1. 三角形

不在同一直线上的三点可以构成一个三角形；三角形内角和等于 $180°$；三角形中任意两边之和大于第三边，任意两边之差小于第三边.

（1）三角形的角平分线：三角形一个角的平分线和这个角的对边相交，这个角的顶点和交点之间的线段，叫作三角形的角平分线.

（2）三角形的中线：连接三角形一个顶点和它对边中点的线段，叫作三角形的中线.

（3）三角形的高：三角形一个顶点到它的对边所在直线的垂线段，叫作三角形的高.

（4）三角形的中位线：连接三角形两边中点的线段，叫作三角形的中位线.

（5）三角形的内心：两三角形角平分线的交点叫作内心；内心到三角形三边的距离相等.

重心：两三角形中线的交点叫作重心；重心到三角形每边中点的距离等于这边中线的三分之一.

垂心：两三角形高线的交点叫作垂心；三角形的一个顶点与垂心连线必垂直于对边.

外心：三角形三边的垂直平分线的交点，叫作三角形的外心；外心到三角形的三个顶点的距离相等.

直角三角形：有一个角为 $90°$ 的三角形，叫作直角三角形.

直角三角形的性质：

（1）直角三角形两个锐角互余；

（2）直角三角形斜边上的中线等于斜边的一半；

（3）直角三角形中，如果有一个锐角等于 $30°$，那么它所对的直角边等于斜边的一半；

（4）直角三角形中，如果有一条直角边等于斜边的一半，那么这条直角边所对的锐角是 $30°$；

（5）直角三角形中，$c^2 = a^2 + b^2$（其中 a、b 为两直角边长，c 为斜边长）；

（6）直角三角形的外接圆半径，同时也是斜边上的中线.

直角三角形的判定：

（1）有一个角为 $90°$ 的三角形是直角三角形；

（2）若一个三角形，一边上的中线等于这条边长的一半，则这三角形是以这条边为斜边的直角三角形；

(3)若 $c^2 = a^2 + b^2$,则以 a、b、c 为边的三角形是直角三角形.

2. 面积公式

正方形 = 边长 × 边长;

长方形 = 长 × 宽;

三角形 = $\frac{1}{2}$ × 底 × 高;

梯形 = $\frac{(上底 + 下底) × 高}{2}$;

圆 = πr^2;

平行四边形 = 底 × 高;

扇形 = $\frac{n}{360} \pi r^2$;

正方体的表面积 = 6 × 边长 × 边长;

长方体的表面积 = 2 × (长 × 宽 + 宽 × 高 + 长 × 高);

圆柱的表面积 = $2\pi r^2 + 2\pi rh$;

球的表面积 = $4\pi r^2$.

3. 体积公式

正方体 = 边长 × 边长 × 边长;

长方体 = 长 × 宽 × 高;

圆柱 = 底面积 × 高 = $Sh = \pi r^2 h$;

圆锥 = $\frac{1}{3} \pi r^2 h$;

球 = $\frac{4}{3} \pi r^3$.

4. 与圆有关的公式

设圆的半径为 r,点到圆心的距离为 d,则有

(1) $d < r$:点在圆内(即圆的内部是到圆心的距离小于半径的点的集合);

(2) $d = r$:点在圆上(即圆上部分是到圆心的距离等于半径的点的集合);

(3) $d > r$:点在圆外(即圆的外部是到圆心的距离大于半径的点的集合);

直线与圆的位置关系的性质和判定:

如果⊙O的半径为 r,圆心 O 到直线 l 的距离为 d,那么

(1)直线 l 与⊙O 相交:$d < r$;

(2)直线 l 与⊙O 相切:$d = r$;

(3)直线 l 与⊙O 相离:$d > r$.

圆与圆的位置关系的性质和判定:

设两圆半径分别为 R 和 r,圆心距为 d,那么

(1)两圆外离:$d > R + r$;

(2)两圆外切:$d = R + r$;

(3)两圆相交:$R - r < d < R + r$ ($R \geqslant r$);

(4)两圆内切:$d＝R－r$　($R＞r$);

(5)两圆内含:$d＜R－r$　($R＞r$).

圆的周长公式:$C＝2\pi r＝\pi d$(其中 r 为圆半径,d 为圆直径,$\pi\approx3.14$).

$n°$ 的圆心角所对的弧长 l 的计算公式:$l＝\dfrac{n\pi r}{180}$.

扇形的面积公式:$S_{扇}＝\dfrac{n}{360}\pi r^2＝\dfrac{1}{2}lr$.

若圆锥的底面半径为 r,母线长为 l,则它的侧面积公式:$S_{侧}＝\pi rl$.

圆锥的体积公式:$V＝\dfrac{1}{3}Sh＝\dfrac{1}{3}\pi r^2h$.

2.1.3　其他常用知识

1. $2^x,3^x,7^x,8^x$ 的尾数都是以 4 为周期进行变化的;$4^x,9^x$ 的尾数都是以 2 为周期进行变化的;5^x 和 6^x 的尾数恒为 5 和 6,其中 x 属于自然数.

2. 对任意两数 a、b,如果 $a－b＞0$,则 $a＞b$;如果 $a－b＜0$,则 $a＜b$;如果 $a－b＝0$,则 $a＝b$.

当 a、b 为任意两正数时,如果 $\dfrac{a}{b}＞1$,则 $a＞b$;如果 $\dfrac{a}{b}＜1$,则 $a＜b$;如果 $\dfrac{a}{b}＝1$,则 $a＝b$.

当 a、b 为任意两负数时,如果 $\dfrac{a}{b}＞1$,则 $a＜b$;如果 $\dfrac{a}{b}＜1$,则 $a＞b$;如果 $\dfrac{a}{b}＝1$,则 $a＝b$.

对任意两数 a、b,当很难直接用作差法或者作商法比较大小时,我们通常选取中间值 c,如果 $a＞c$,且 $c＞b$,则 $a＞b$.

3. 工程问题

工作量＝工作效率×工作时间;工作效率＝工作量÷工作时间;

工作时间＝工作量÷工作效率;总工作量＝各分工作量之和.

注:在解决实际问题时,常设总工作量为 1.

4. 方阵问题

(1)实心方阵:方阵总人数＝(最外层每边人数)^2;

最外层人数＝(最外层每边人数－1)×4.

(2)空心方阵:中空方阵的人数＝(最外层每边人数)^2－(最外层每边人数－2×层数)^2

＝(最外层每边人数－层数)×层数×4.

【例 1】 有一个 3 层的中空方阵,最外层有 10 人,问:全阵有多少人?

解 (10－3)×3×4＝84(人).

5. 利润问题

(1)利润＝销售价(卖出价)－成本;

利润率＝$\dfrac{利润}{成本}$＝$\dfrac{销售价－成本}{成本}$＝$\dfrac{销售价}{成本}$－1;

销售价＝成本×(1＋利润率)；

成本＝$\dfrac{\text{销售价}}{1+\text{利润率}}$.

(2)单利问题：

利息＝本金×利率×存期；

本利和＝本金＋利息＝本金×(1＋利率×存期)；

本金＝本利和÷(1＋利率×存期)；

年利率÷12＝月利率；

月利率×12＝年利率.

【例2】　某人存款2 400元,存期3年,月利率为10.2‰(即月利率为1分零2毫),3年到期后,本利和共多少元?

解　用月利率求解.3年即为36个月,所以

2 400×(1＋10.2‰×36)＝2 400×1.367 2＝3 281.28(元).

6. 排列数公式：$A_n^m=n(n-1)(n-2)\cdots(n-m+1)(m\leqslant n)$;

　　组合数公式：$C_n^m=\dfrac{A_n^m}{A_m^m}$(规定 $C_n^0=1$).

7. 年龄问题：关键是年龄差不变.

几年后年龄＝大小年龄差÷倍数差－小年龄；

几年前年龄＝小年龄－大小年龄差÷倍数差.

8. 日期问题：闰年是366天,平年是365天,其中1、3、5、7、8、10、12月都是31天,4、6、9、11是30天,闰年2月份是29天,平年2月份是28天.

9. 植树问题

(1)线形植树：棵数＝总长÷间隔＋1；

(2)环形植树：棵数＝总长÷间隔；

(3)楼间植树：棵数＝总长÷间隔－1；

(4)剪绳问题：对折 N 次,从中剪 M 刀,则被剪成了($2^N×M+1$)段.

10. 鸡兔同笼问题

鸡的只数＝(兔的脚数×总只数－总脚数)÷(兔的脚数－鸡的脚数).

得失问题(鸡兔同笼问题的推广)：

不合格品数＝(每个合格品得分数×产品总数－实得总分数)÷(每个合格品得分数＋每个不合格品扣分数)

　　　　　＝总产品数－(每个不合格品扣分数×总产品数＋实得总分数)÷(每个合格品得分数＋每个不合格品扣分数).

【例3】　灯泡厂生产灯泡的工人,按得分的多少给工资.每生产一个合格品记4分,每生产一个不合格品不仅不记分,还要扣除15分.某工人生产了1 000只灯泡,共得3 525分,问:其中有多少只灯泡不合格?

解　(4×1 000－3 525)÷(4＋15)＝475÷19＝25(只).

11. 盈亏问题

(1)一次盈,一次亏：(盈＋亏)÷两次每人分配数的差＝人数；

（2）两次都有盈：(大盈－小盈)÷两次每人分配数的差＝人数；

（3）两次都是亏：(大亏－小亏)÷两次每人分配数的差＝人数；

（4）一次亏，一次刚好：亏÷两次每人分配数的差＝人数；

（5）一次盈，一次刚好：盈÷两次每人分配数的差＝人数.

【例 4】 小朋友分桃子，每人 10 个少 9 个，每人 8 个多 7 个. 问：有多少个小朋友和多少个桃子？

解 人数：$(7+9)÷(10-8)=16÷2=8$（人），

桃子数：$10×8-9=80-9=71$（个）.

12. 行程问题

（1）平均速度：

$$平均速度＝\frac{2v_1 v_2}{v_1+v_2}.$$

（2）相遇、追及：

相遇（背离）：路程÷速度和＝时间；

追及：路程÷速度差＝时间.

（3）流水行船：

顺水速度＝船速＋水速；

逆水速度＝船速－水速.

两船相向航行时，甲船顺水速度＋乙船逆水速度＝甲船静水速度＋乙船静水速度；

两船同向航行时，后（前）船静水速度－前（后）船静水速度＝两船距离缩小（拉大）速度.

（4）火车过桥：

列车完全在桥上的时间＝(桥长－车长)÷列车速度；

列车从开始上桥到完全下桥所用的时间＝(桥长＋车长)÷列车速度.

（5）多次相遇：

相向而行，第一次相遇距离甲地 a 千米，第二次相遇距离乙地 b 千米，则甲、乙两地相距 $s=3a-b$（千米）.

（6）钟表问题：

钟面上按"分针"分为 60 小格，时针的转速是分针的 $\frac{1}{12}$，分针每小时可追及 $\frac{11}{12}$，时针与分针一昼夜重合 22 次，垂直 44 次，成 180° 角 22 次.

13. 容斥原理

$A+B=A\cup B+A\cap B$；

$A+B+C=A\cup B\cup C+A\cap B+A\cap C+B\cap C-A\cap B\cap C$，其中 $A\cup B\cup C=E$.

14. 牛吃草问题

原有草量＝(牛数－每天长草量)×天数，其中一般设每天长草量为 x.

2.2　剩余定理

【引例 1】　一个数被 3 除余 1,被 4 除余 2,被 5 除余 4,这个数最小是几?

解　题中 3、4、5 三个数两两互质,

则[4,5]＝20;[3,5]＝15;[3,4]＝12;[3,4,5]＝60.

为了使 20 被 3 除余 1,用 20×2＝40;

使 15 被 4 除余 1,用 15×3＝45;

使 12 被 5 除余 1,用 12×3＝36.

则 40×1＋45×2＋36×4＝274.

因为 274＞60,所以 274－60×4＝34,就是所求的数.

【引例 2】　一个数被 3 除余 2,被 7 除余 4,被 8 除余 5,这个数最小是几? 在 1 000 以内符合这样条件的数有几个?

解　题中 3、7、8 三个数两两互质,

则[7,8]＝56;[3,8]＝24;[3,7]＝21;[3,7,8]＝168.

为了使 56 被 3 除余 1,用 56×2＝112;

使 24 被 7 除余 1,用 24×5＝120;

使 21 被 8 除余 1,用 21×5＝105.

则 112×2＋120×4＋105×5＝1 229.

因为 1 229＞168,所以 1 229－168×7＝53,就是所求的数.

再用(1 000－53)÷168＝5,所以在 1 000 内符合条件的数有 6 个.

【引例 3】　一个数除以 5 余 4,除以 8 余 3,除以 11 余 2,求满足条件的最小的自然数.

解　题中 5、8、11 三个数两两互质,

则[8,11]＝88;[5,11]＝55;[5,8]＝40;[5,8,11]＝440.

为了使 88 被 5 除余 1,用 88×2＝176;

使 55 被 8 除余 1,用 55×7＝385;

使 40 被 11 除余 1,用 40×8＝320.

则 176×4＋385×3＋320×2＝2 499.

因为 2 499＞440,所以 2 499－440×5＝299,就是所求的数.

【引例 4】　有一个年级的同学,每 9 人一排多 5 人,每 7 人一排多 1 人,每 5 人一排多 2 人,问:这个年级至少有多少人?

解　题中 9、7、5 三个数两两互质,

则[7,5]＝35;[9,5]＝45;[9,7]＝63;[9,7,5]＝315.

为了使 35 被 9 除余 1,用 35×8＝280;

使 45 被 7 除余 1,用 45×5＝225;

使 63 被 5 除余 1,用 63×2＝126.

则 280×5＋225×1＋126×2＝1 877.

因为 1 877＞315,所以 1 877－315×5＝302,就是所求的数.

"中国剩余定理"类型的题目其实就是"余数问题",这种题目也可以用倍数和余数的方法解决.

【例 1】　一个数被 5 除余 2,被 6 除少 2,被 7 除少 3,这个数最小是多少?

解　题目可以看成,被 5 除余 2,被 6 除余 4,被 7 除余 4.对于"被 6 除余 4,被 7 除余 4",有同余数的话,只要求出 6 和 7 的最小公倍数,再加上 4,就是满足条件的数了,即 6×7＋4＝46.下面试一下 46 能不能满足第一个条件"一个数被 5 除余 2".不行的话,只要 46 加上 6 和 7 的最小公倍数 42,一直加到能满足"一个数被 5 除余 2".这是因为 42 是 6 和 7 的最小公倍数,再怎么加都会满足"被 6 除余 4,被 7 除余 4"的条件.

46＋42＝88,

46＋42＋42＝130,

46＋42＋42＋42＝172.

【例 2】　一个班学生分组做游戏,如果每组 3 人就多 2 人,每组 5 人就多 3 人,每组 7 人就多 4 人,问这个班有多少学生?

解　题目可以看成,除以 3 余 2,除以 5 余 3,除以 7 余 4.没有同余的情况,用的方法是"逐步约束法",就是从"除以 7 余 4 的数"中找出符合"除以 5 余 3 的数",即在 7 上一直加 4,直到所得的数除以 5 余 3,得出数为 18.下面只要在 18 上一直加 7 和 5 的最小公倍数 35,直到满足除以 3 余 2.

4＋7＝11,

11＋7＝18,

18＋35＝53.

【例 3】　在国庆五十周年仪仗队的训练营地,某连队一百多个战士在练习不同队形的转换.如果他们排成五列人数相等的队伍,只剩下连长在队伍前面喊口令;如果他们排成七列这样的队伍,只有连长仍然可以在前面领队;如果他们排成八列,就可以有两人作为领队了.在全营排练时,营长要求他们排成三列人数相等的队伍.

下列最可能出现的情况是(　　　).

A.该连队官兵正好排成三列队伍

B.除了连长外,正好排成三列队伍

C.排成了整齐的三列队伍,另有两人作为全营的领队

D.排成了整齐的三列队伍,其中有一人是其他连队的

解析　这个数符合除以 5 余 1,除以 7 余 1,除以 8 余 2.符合除以 5 余 1、除以 7 余 1 的最小的数为 36,那么易知符合除以 5 余 1、除以 7 余 1、除以 8 余 2 的数为 106,106÷3＝35……1,所以选 B.

【例 4】　1～500 这 500 个数,最多可取出多少个数,才能保证其取出的任意三个数之和不是 7 的倍数?

解　要使取出的三数和是 7 的倍数,必须且只需它们被 7 除的余数的和是 7 的倍数,因此考虑从 0,1,2,3,4,5,6 中取三个数(可重复),使它们的和是 7 的倍数的所有可能:

(1)0＋0＋0,0＋1＋6,0＋2＋5,0＋3＋4;

(2)1+1+5,1+2+4,1+3+3;

(3)2+2+3,2+6+6,3+5+6,4+4+6,4+5+5.

在 1 到 500 这 500 个数字中,被 7 除,余数为 1、2、3 的各有 72 个,余数为 4、5、6、0 的各有 71 个.把这 500 个数分成 4 组,余数为 1、2 的为第一组(144 个数),余数为 3、4 为第二组(143 个数),余数为 5、6 的为第三组(142 个数),余数为 0 的为第四组(71 个数).第一、二、三组分别满足题设.要继续满足题设,第一组只能增加两个余数为 0 的数或一个余数为 6 的数;第二组只能增加一个余数为 2 或 5 的数,第三组只能增加两个余数为 0 的数或一个余数为 1 的数.所以,最多只能取 146 个数字(第一组增加两个余数为 0 的数),才能保证其取出的任意三个数字之和不是 7 的倍数.

2.3 时钟问题

基本思路:封闭曲线上的追及问题.

关键问题:

(1)确定分针与时针的初始位置;

(2)确定分针与时针的路程差.

基本方法:

(1)分格法:时钟的钟面圆周被均匀分成 60 小格,每小格我们称为 1 分格.分针每小时走 60 分格,即一周,而时针只走 5 分格.故分针每分钟走 1 分格,时针每分钟走 $\frac{1}{12}$ 分格,因此分针和时针的速度差为 $\frac{11}{12}$ 分格/分.

(2)度数法:从角度观点看,钟面圆周一周是 360°,分针每分钟转 $\frac{360}{60}$ 度,即 6 度;时针每分钟转 $\frac{360}{12\times60}$ 度,即 0.5 度.故分针和时针的角速度差为 5.5 度/分.

【例 1】 从 12 时到 13 时,钟的时针与分针可成直角的机会有(   ).

A.1 次   B.2 次   C.3 次   D.4 次

解析 时针与分针成直角,即时针与分针的角度差为 90 度或者为 270 度,理论上讲应为 2 次,还要验证.

根据 $\frac{角度差}{速度差}=$ 分钟数,可得 $\frac{90}{5.5}=16\frac{4}{11}<60$,表示经过 $16\frac{4}{11}$ 分钟,时针与分针第一次垂直;同理,$\frac{270}{5.5}=49\frac{1}{11}<60$,表示经过 $49\frac{1}{11}$ 分钟,时针与分针第二次垂直.经验证,选 B 正确.

【例 2】 在某时刻,某钟表时针在 10 点到 11 点之间,此时刻再过 6 分钟后的分针和此时刻 3 分钟前的时针正好方向相反且在一条直线上,则此时刻为(   ).

A.10 点 15 分

B.10 点 19 分

C. 10 点 20 分

D. 10 点 25 分

解析 **方法 1** 时针在 10～11 点之间的刻度应和分针 20～25 分钟的刻度相对，所以要想时针与分针成一条直线，则分针必在这一范围内．而选项中加上 6 分钟后在这一范围内的只有 10 点 15 分，所以答案为 A．

方法 2 常规方法：设此时刻为 x 分钟，6 分钟后分针转的角度为 $6(x+6)$ 度，则此时刻 3 分钟前的时针转的角度为 $0.5(x-3)$ 度．以 0 点为起始来算此时时针的角度为 $[0.5(x-3)+10\times30]$ 度．所谓"时针与分针成一条直线"，即 $0.5(x-3)+10\times30-6(x+6)=180$（度），解得 $x=15$（分钟）．故选 A．

【例 3】 现在是 2 点，什么时候时针与分针第一次重合？

解 2 点的时候分针和时针的角度差为 $60°$，而分针和时针的角速度差为 5.5 度/分，所以时间为 $\frac{60}{5.5}=\frac{120}{11}$ 分钟，即经过 $\frac{120}{11}$ 分钟后时针与分针第一次重合．

【例 4】 在 7 点与 8 点之间，时针与分针在什么时刻相互垂直？

解 在 7 点与 8 点之间，时针与分针会有两次垂直的机会．在 7 点的时候，分针与时针的角度为 $210°$，第一次垂直时分针需要追及的角度为 $120°$，则时间为 $\frac{120}{5.5}=\frac{240}{11}$ 分；第二次垂直时分针需要追及的角度为 $300°$，则时间为 $\frac{300}{5.5}=\frac{600}{11}$ 分．

【例 5】 晚上 7 点到 8 点之间电视里播出一部动画片，开始时分针与时针正好成一条直线，结束时两针正好重合．这部动画片播出了多长时间？

解 7 点的时候分针与时针的角度差为 $210°$；分针与时针成一条直线的时候分针追及的角度为 $30°$，则时间为 $\frac{30}{5.5}=\frac{60}{11}$ 分钟；重合的时候分针追及的角度为 $210°$，则时间为 $\frac{210}{5.5}=\frac{420}{11}$ 分钟，时间差为 $\frac{360}{11}$ 分钟．

【例 6】 3 点过多少分时，时针和分针离"3"的距离相等，并且在"3"的两边？

解 时针和分针离"3"的距离相等，即时针和分针与"3"的角度相等．设所求时间为 x 分，列方程如下：$0.5x=90-6x$，$x=\frac{180}{13}$，即为 $\frac{180}{13}$ 分．

【例 7】 小王去开会，会前会后都看了表，发现前后时针和分针位置刚好互换，则会开了 1 小时（　　）分钟．

A. 51 　　　　　　B. 49 　　　　　　C. 47 　　　　　　D. 45

解 时间大于 1 小时小于 2 小时，又因为时针和分针的位置互换，则分针与时针共同转过的角度和为 $720°$，则时间为 $\frac{720}{6.5}$ 分钟 $=\frac{1\,440}{13}$ 分钟 $=\frac{24}{13}$ 小时，约等于 1 小时 51 分钟．故选 A．

【例 8】 会议开始时，小李看了一下表，会议结束时，又看了一下表，结果分针与时针恰好对调了位置．会议在 3 点至 4 点之间召开，5 点至 6 点之间结束，问：会议何时召开？

解 设 3 点 x 分开始，5 点 y 分结束．因为时针每小时走 30 度，每分钟走 0.5 度；分针每分钟走 6 度. 所以可列方程组 $\begin{cases} 3 \times 30 + 0.5x = 6y \\ 6x = 5 \times 30 + 0.5y \end{cases}$,解得 $\begin{cases} x = 26.4 \\ y = 17.2 \end{cases}$,即在 3 点 26 分 24 秒开会,5 点 17 分 12 秒结束.

2.4 数的分解与拆分

1. 分解因式型

就是把一个合数分解成若干个质数相乘的形式. 运用此方法解题首先要熟练掌握如何分解质因数,还要灵活组合这些质因数来达到解题的目的.

【例 1】 三个质数的倒数之和为 $\dfrac{a}{231}$,则 $a = ($).

A. 68   B. 83   C. 95   D. 131

解析 将 231 分解质因数得 $231 = 3 \times 7 \times 11$,则 $\dfrac{1}{3} + \dfrac{1}{7} + \dfrac{1}{11} = \dfrac{131}{231}$,故 $a = 131$. 故选 D.

【例 2】 四个连续的自然数的积为 3 024,它们的和为( ).

A. 26   B. 52   C. 30   D. 28

解析 分解质因数得 $3\,024 = 2 \times 2 \times 2 \times 2 \times 3 \times 3 \times 3 \times 7 = 6 \times 7 \times 8 \times 9$,所以四个连续的自然数的和为 $6 + 7 + 8 + 9 = 30$. 故选 C.

【例 3】 20^n 是 $2\,001 \times 2\,000 \times 1\,999 \times 1\,998 \times \cdots \times 3 \times 2 \times 1$ 的因数,自然数 n 最大可能是( ).

A. 499   B. 500   C. 498   D. 501

解析 $20^n = (5 \times 2 \times 2)^n$,显然 $2\,001 \times 2\,000 \times 1\,999 \times 1998 \times \cdots \times 3 \times 2 \times 1$ 中,能分解出来的 2 的个数要远远大于 5 的个数,所以 $2\,001 \times 2\,000 \times 1\,999 \times 1\,998 \times \cdots \times 3 \times 2 \times 1$ 中最多能分解多少个 5,也就是 n 的最大值,由此计算所求应为 $[2\,001 \div 5] + [2\,001 \div 25] + [2\,001 \div 125] + [2\,001 \div 625] = 400 + 80 + 16 + 3 = 499$. 故选 A.

注:[ ]取整数部分.

2. 已知某几个数的和,求积的最大值型

基本原理:$a^2 + b^2 \geqslant 2ab$,a,b 都大于 0,当且仅当 $a = b$ 时取得等号.

推论:$a + b = K$(常数),且 a,b 都大于 0,那么 $ab \leqslant \left(\dfrac{a+b}{2}\right)^2$,当且仅当 $a = b$ 时取得等号. 此结论可以推广到多个数的和为定值的情况.

【例 4】 3 个自然数之和为 14,它们的乘积的最大值为( ).

A. 42   B. 84   C. 100   D. 120

解析 若使乘积最大,应把 14 拆分为 $14 = 5 + 5 + 4$,则积的最大值为 $5 \times 5 \times 4 = 100$. 也就是说,当不能满足拆分的数相等的情况下,就要求拆分的数之间的差异应该尽量地小,这样它们的乘积才能最大,这是此类问题的解题思路. 故应选 C.

下面再举一例大家可以自己体会.

【例 5】　将 17 拆分成若干个自然数的和,这些自然数的乘积的最大值为(　　).

A. 256　　　　　　B. 486　　　　　　C. 556　　　　　　D. 376

解析　将 17 拆分为 $17=3+3+3+3+3+2$ 时,其乘积最大,最大值为 486. 故应选 B.

3. 排列组合型

运用排列组合知识解决数的分解问题. 要求对排列组合有较深刻的理解,才能达到灵活运用的目的.

【例 6】　有(　　)种方法可以把 100 表示为(有顺序的)3 个自然数(0 除外)之和.

A. 4 851　　　　　B. 1 000　　　　　C. 256　　　　　D. 10 000

解析　插板法:100 可以想象为 100 个 1 相加的形式,现在我们要把这 100 个 1 分成 3 份,那么就相当于在这 100 个 1 内部形成的 99 个空中,任意插入两个板,这样就把它们分成了三个部分. 而从 99 个空任意选出两个空的选法有:$C_{99}^2=\dfrac{99\times98}{2}=4\,851$(种),故选 A.

注:此题没有考虑 0 已经划入自然数范畴,如果选项中出现把 0 考虑进去的选项,建议选择考虑 0 的那个选项.

【例 7】　学校准备了 1 152 块正方形彩板,用它们拼成一个长方形,有(　　)种不同的拼法.

A. 1 152　　　　　B. 384　　　　　C. 28　　　　　D. 12

解析　**方法 1**　本题实际上是想把 1 152 分解成两个数的积.

$1\,152=1\times1\,152=2\times576=3\times384=4\times288=6\times192=8\times144=9\times128=12\times96=16\times72=18\times64=24\times48=32\times36$,故有 12 种不同的拼法. 因此选 D.

方法 2　用排列组合知识求解:

由 $1\,152=2^7\times3^2$,那么现在我们要做的就是把这 7 个 2 和 2 个 3 分成两部分. 分配好以后,长方形的长和宽也就固定了. 具体如下:

(1)当 2 个 3 在一起的时候,有 8 种分配方法(从后面有 0 个 2 一直到 7 个 2);(2)当 2 个 3 不在一起时,有 4 种分配方法,分别是 1 个 3 后有 0、1、2、3 个 2. 故共有 $8+4=12$(种).

方法 3　若 $1\,152=2^7\times3^2$,则 1 152 的所有乘积为 1 152 因数的个数为 $(7+1)\times(2+1)=24$,每 2 个一组,故共有 $24\div2=12$(组).

【例 8】　将 450 分拆成若干连续自然数的和,有(　　)种分拆方法.

A. 9　　　　　　B. 8　　　　　　C. 7　　　　　　D. 10

解析　整数分拆(严格地讲是自然数分拆)形式多样,解法也很多. 先看下面的内容,再解本题.

下面谈谈如何利用确定"中间数"法解将一个整数分拆成若干个连续自然数的问题. 那么什么是"中间数"呢? 其实这里的"中间数"也就是平均数. 有的"中间数"是答数中的一个,如 1、2、3、4、5 中的"3"便是;也有的"中间数"是为了解题方便虚拟的,并不是答数中的一个,如 4、5、6、7 这四个数的"中间数"即为"5.5". 由此我们可知,奇数个连续自然数的

"中间数"是一个整数,而偶数个连续自然数的"中间数"则为小数,并且是某个数的一半.

(1)把一个自然数分拆成指定个数的连续自然数的和的问题.

【例9】　把2 000分成25个连续偶数的和,这25个数分别是什么?

解　这道题如果一个一个地试,会很麻烦.我们可以先求中间数:2 000÷25＝80,那么80的左边有12个数,右边也有12个数,再加上80本身,正好是25个数.我们又知相邻两个偶数相差2,那么这25个偶数中最小的为80－12×2＝56,最大的为80＋12×2＝104,故所求的这25个数为56、58、…、80、…、102、104.

【例10】　把105分成10个连续自然数的和,这10个自然数分别是多少?

解　我们仿照例9的办法先求中间数:105÷10＝10.5,"10.5"这个数是小数,并不是自然数,很明显"10.5"不是所求的数中的一个,但我们可以把10.5"虚拟"为所求的数中的一个,这样也就是10.5左边有5个数,右边也有5个数,距离10.5最近的分别是10、11,这10个数分别是:6、7、8、9、10、(10.5)、11、12、13、14、15.

(2)把一个自然数分拆成若干个自然数的和的形式.

【例11】　把84分拆成2个或2个以上连续自然数的和,有几种分拆方法?

解　我们先把84分解质因数:84＝2×2×3×7,由分解式可以看出,84的不同质因数有2、3、7,这就说明能把84分拆成2、3、7的倍数个不同连续自然数的和,但是我们必须明确,有的个数是不符合要求的,例如把84分拆成2个连续自然数的和,无论如何是办不到的,那么我们不妨把其分拆为3、7、8(2×2×2)个连续自然数的和.分拆为3个连续自然数的和:(2×2×3×7)÷3＝28,确定了"中间数"28,再依据例10的方法确定其他数,所以这三个数是27、28、29.同理,分拆为7个连续自然数的和:(2×2×3×7)÷7＝12,它们是9、10、11、12、13、14、15.分拆为8(2×2×2)个连续自然数的和:(2×2×3×7)÷8＝10.5,它们是7、8、9、10、(10.5)、11、12、13、14.其他情况均不符合要求.故本题共有3种分拆方法.

再将此题引申一步,怎样判断究竟有几种分拆方法呢?就84而言,它有3种分拆方法,下面我们看84的约数有:1、2、3、4、6、7、12、14、21、28、42、84.其中大于1的奇约数恰有3个.于是可以得此结论:若一个整数(0除外)有n个大于1的奇约数,那么这个整数就有n种分拆成2个或2个以上连续自然数的和的方法.

再回过来看例8,求450有多少种分拆方法,可以转化为求450有多少个大于1的奇约数.而450＝2×3×3×5×5,大于1的奇约数为3、5、9、15、25、45、75、225,一共8个,则共有8种分拆方法.故选B.

2.5　数的整除性

1. 数的整除性质

(1)对称性:若甲数能被乙数整除,乙数也能被甲数整除,那么甲、乙两数相等.

(2)传递性:若甲数能被乙数整除,乙数能被丙数整除,那么甲数能被丙数整除.

(3)若两个数都能被一个自然数整除,则这两个数的和与差都能被该自然数整除.

(4)几个数相乘,若其中有一个因子能被某个数整除,则它们的积也能被该数整除.

(5)若一个数能被两个互质数中的每一个数整除,则这个数也能被这两个互质数的积整除.

(6)若一个数能被两个互质数的积整除,则这个数也能分别被这两个互质数整除.

(7)若一个质数能整除两个自然数的乘积,则这个质数至少能整除这两个自然数中的一个.

2. 数的整除特征

一个数要想被另一个数整除,该数需含有另一个数所具有的质数因子.

(1)1 与 0 的特性:1 是任何整数的约数,0 是任何非零整数的倍数.

(2)若一个整数的末位是 0、2、4、6 或 8,则这个数能被 2 整除.

(3)若一个整数的数字之和能被 3(或 9)整除,则这个整数能被 3(或 9)整除.

(4)若一个整数的末尾两位数能被 4(或 25)整除,则这个数能被 4(或 25)整除.

(5)若一个整数的末位是 0 或 5,则这个数能被 5 整除.

(6)若一个整数能被 2 和 3 整除,则这个数能被 6 整除.

(7)若把一个整数的个位数字截去,再将余下的数减去个位数的 2 倍,如果差是 7 的倍数,则原数能被 7 整除.

(8)若一个整数的末尾三位数能被 8(或 125)整除,则这个数能被 8(或 125)整除.

(9)若一个整数的末位是 0,则这个数能被 10 整除.

(10)若一个整数的奇数位数字之和与偶数位数字之和的差能被 11 整除,则这个数能被 11 整除(不够减时依次加 11 直至够减为止).11 的倍数检验法也可用上述检查 7 的方法(割尾法)处理,过程唯一不同的是:倍数不是 2 而是 1.

(11)若一个整数能被 3 和 4 整除,则这个数能被 12 整除.

(12)若将一个整数的个位数字截去,再将余下的数加上个位数的 4 倍,如果和是 13 的倍数,则原数能被 13 整除.

一个三位以上的整数能否被 7(11 或 13)整除,只需看这个数的末三位数字表示的三位数与末三位数字以前的数字所组成的数的差(以大减小)能否被 7(11 或 13)整除.

还可以将这个多位数从后往前三位一组进行分段.奇数段各三位数之和与偶数段各三位数之和的差若能被 7(11 或 13)整除,则原多位数也能被 7(11 或 13)整除.

(13)若把一个整数的个位数字截去,再将余下的数减去个位数的 5 倍,如果差是 17 的倍数,则原数能被 17 整除.

(14)若把一个整数的个位数字截去,再将余下的数加上个位数的 2 倍,如果和是 19 的倍数,则原数能被 19 整除.

(15)若一个整数的末三位与 3 倍的前面的隔出数的差能被 17 整除,则这个数能被 17 整除.

(16)若一个整数的末三位与 7 倍的前面的隔出数的差能被 19 整除,则这个数能被 19 整除.

(17)若一个整数的末四位与 5 倍的前面的隔出数的差能被 23(或 29)整除,则这个数能被 23(或 29)整除.

【例1】 有一食品店某天购进了6箱食品,分别装着饼干和面包,质量(单位:千克)分别为8、9、16、20、22、27.该店当天只卖出一箱面包,在剩下的5箱中饼干的质量是面包的2倍,则当天食品店购进了(   )千克面包.

A.44   B.45   C.50   D.52

解析   本题是整除运算题目.由题意可知,6箱食品共重102千克.设卖出的一箱面包为 x 千克,又由于剩下的5箱中饼干的质量是面包的2倍,所以 $102-x$ 应是3的倍数,并且 $(102-x)\div 3$ 应是其余5箱中一箱的质量或几箱质量的和.只有当 $x=27$ 时符合条件,此时共有面包 $27+(102-27)\div 3=52$(千克).故选D.

【例2】   一个三位数除以9余7,除以5余2,除以4余3,这样的三位数共有(   ).

A.5个   B.6个   C.7个   D.8个

解析   本题要运用整除进行解题.根据"除以5余2",可知该数的尾数为2或7.根据"除以4余3",可知其尾数只能为7.根据"除以9余7",该数可以表示为 $9x+7$,x 的范围为 $11\sim 110$;其中尾数为7的为 $9y+7$,y 的范围为 $20\sim 110$ 的整数.经检验可知,当 y 为30、50、70、90、110时,该三位数仍不能符合"除以4余3"的条件,即只有当 y 为20、40、60、80、100时,该三位数才能同时满足已知条件,因此共有5个三位数.故选A.

【例3】   求一个首位数字为5的最小六位数,使这个数能被9整除,且各位数字均不相同.

分析   由于要求被9整除的数,可只考虑数字和.又由于要求最小的数,故从第二位起应尽量用最小的数字排,并试验末位数字为哪个数时,六位数为9的倍数.

解   一个以5为首位数的六位数,要想使它最小,只可能是501 234(各位数字均不相同),但是501 234的数字和 $5+0+1+2+3+4=15$,并不是9的倍数,故只能将末位数字改为7,这时,$5+0+1+2+3+7=18$ 是9的倍数,故501 237为所求.

【例4】   从0、1、2、4、7五个数中选出三个组成三位数,其中能被3整除的有几个?

解   三位数的数字之和应被3整除,所以可取的三个数字分别是:0、1、2;0、2、4;0、2、7;1、4、7.

于是有 $(2\times 2\times 1)\times 3+3\times 2\times 1=18$(个).

【例5】   某个七位数 1 993 □□□ 能够同时被2、3、4、5、6、7、8、9整除,那么它的最后三个数字依次是多少?

解   这个七位数能被2、3、4、5、6、7、8、9整除,所以能被2、3、4、5、6、7、8、9的最小公倍数整除.这个最小公倍数是2 520.

$$\frac{1\ 993\ 000}{2\ 520}=790\cdots\cdots 2\ 200,$$

$$2\ 520-2\ 200=320.$$

所以最后三个数字依次是3、2、0.

【例6】   有十个连续的自然数,其中奇数之和为85,在这十个连续的自然数中,是3的倍数的数之和最大是多少?

A.56   B.66   C.54   D.52

解析　奇数之和为 85，则这五个奇数为 13、15、17、19、21，由此可知这十个自然数是 3 的倍数的最多有 4 个，即 12、15、18、21，12＋15＋18＋21＝66. 故选 B.

2.6　统筹问题

统筹问题在日常生活中会经常遇到，它是一个研究怎样节省时间、提高效率的问题.

【例 1】　甲、乙两个服装厂每个工人和设备都能全力生产同一种规格的西服. 甲厂每月用 $\frac{3}{5}$ 的时间生产上衣，用 $\frac{2}{5}$ 的时间生产裤子，全月恰好生产 900 套西服；乙厂每月用 $\frac{4}{7}$ 的时间生产上衣，用 $\frac{3}{7}$ 的时间生产裤子，全月恰好生产 1 200 套西服. 现在两厂联合生产，尽量发挥各自特长多生产西服，那么现在每月比过去多生产西服（　　）套.

A. 30　　　　　B. 40　　　　　C. 50　　　　　D. 60

解析　两厂联合生产，尽量发挥各自特长. 因乙厂生产上衣的效率高，所以安排乙厂全力生产上衣. 由于乙厂每月用 $\frac{4}{7}$ 的时间生产上衣 1 200 件，那么乙厂每月用全部的时间可生产上衣 $1\,200\div\frac{4}{7}＝2\,100$（件）. 同时，安排甲厂全力生产裤子，则甲厂每月用全部的时间可生产裤子 $900\div\frac{2}{5}＝2\,250$（条）. 为了配套生产，甲厂先全力生产 2 100 条裤子，这需要 $2\,100\div2\,250＝\frac{14}{15}$ 的时间，然后甲厂再用 $\frac{1}{15}$ 的时间单独生产西服 $900\times\frac{1}{15}＝60$（套），故现在比原来每月多生产 60 套. 故选 D.

【例 2】　某制衣厂两个制衣小组生产同一规格的上衣和裤子，甲组每月用 18 天时间生产上衣，用 12 天时间生产裤子，每月生产 600 套上衣和裤子；乙组每月用 15 天时间生产上衣，用 15 天时间生产裤子，每月生产 600 套上衣和裤子. 如果两组合并，每月最多可以生产（　　）套上衣和裤子.

A. 1 320　　　　B. 1 280　　　　C. 1 360　　　　D. 1 300

解析　由题意知，甲生产裤子速度快，乙生产上衣速度快，那么就先发挥所长，即乙用一个月可生产上衣 1 200 件，而甲生产 1 200 条裤子只需 24 天，剩下 6 天甲单独生产上衣和裤子，可生产 120 套，故最多可生产 1 200＋120＝1 320（套）. 答案选 A.

【例 3】　人工生产某种装饰用珠链，每条珠链需要珠子 25 颗、丝线 3 条、搭扣 1 对以及 10 分钟的单个人工劳动. 现有珠子 4 880 颗、丝线 586 条、搭扣 200 对、4 个工人，则 8 小时最多可以生产珠链（　　）.

A. 200 条　　　　B. 195 条　　　　C. 193 条　　　　D. 192 条

解析　4 880 颗珠子最多可以生产珠链 195 条（剩余 5 颗珠子），586 条丝线最多可以生产珠链 195 条（剩余 1 条丝线），搭扣 200 对最多可以生产珠链 200 条，8 小时共有 48 个 10 分钟，则 4 个工人最多可以生产珠链 4×48＝192（条）. 取 195、200、192 的最小值，故答案为 D.

【例4】 毛毛骑在牛背上过河,他共有甲、乙、丙、丁4头牛,甲过河要2分钟,乙过河要3分钟,丙过河要4分钟,丁过河要5分钟.毛毛每次只能赶2头牛过河,要把4头牛都赶到对岸去,最少要(　　)分钟.

　　A.16　　　　　　B.17　　　　　　C.18　　　　　　D.19

解析 因为允许2头牛同时过河(骑一头,赶一头),所以若要时间最短,则一定要让耗时最长的2头牛同时过河;把牛赶到对面后要尽量骑耗时最短的牛返回.我们可以这样安排:先赶甲、乙过河,骑甲返回,共用5分钟;再赶丙、丁过河,骑乙返回,共用8分钟;最后再赶甲、乙过河,用3分钟.故最少要用5+8+3=16(分钟).故选A.

由例4可得出简单公式:(最快+最慢)+3×第二快的.

【例5】 甲地有89吨货物运到乙地,大卡车的载重量是7吨,小卡车的载重量是4吨,大卡车运一趟货物耗油14升,小卡车运一趟货物耗油9升,运完这些货物最少耗油(　　)升.

　　A.181　　　　　　B.186　　　　　　C.194　　　　　　D.198

解析 大卡车每吨货物耗油14÷7=2(升),小卡车每吨货物耗油9÷4=2.25(升),则应尽量用大卡车运货,故可安排大卡车运11趟,小卡车运3趟,可正好运完89吨货物,耗油11×14+3×9=181(升).

【例6】 全公司104人到公园划船,大船每只载12人,小船每只载5人,大、小船每人票价相等,但无论坐满与否都要按照满载计算,若要使每个人都能乘船,又使费用最省,所租大船最少为(　　)只.

　　A.8　　　　　　B.7　　　　　　C.3　　　　　　D.2

解析 要使费用最省,应让每只船都坐满人,则大船最少为2只、小船16只时,每只船都满载,故选D.

【例7】 一个车队有三辆汽车,担负着五家工厂的运输任务,这五家工厂分别需要7、9、4、10、6名装卸工,共计36名.如果安排一部分装卸工跟车装卸,则不需要那么多装卸工,而只要在装卸任务较多的工厂再安排一些装卸工就能完成装卸任务,那么在这种情况下,至少需要(　　)名装卸工才能保证各厂的装卸要求.

　　A.26　　　　　　B.27　　　　　　C.28　　　　　　D.29

解析 每车跟6名装卸工,在第一家、第二家、第四家工厂分别安排1、3、4个人是最佳方案.事实上,有M辆汽车担负N家工厂的运输任务,当M小于N时,只需把装卸工最多的M家工厂的人数加起来即可,具体此题中即为10+9+7=26.而当M大于或等于N时,需要把各个工厂的人数相加即可.故应选A.

【例8】 把7个3×4的长方形不重叠地拼成一个长方形,那么这个大长方形的周长的最小值是(　　).

　　A.34　　　　　　B.38　　　　　　C.40　　　　　　D.50

解析 可将4个长方形竖放,3个长方形横放,拼得一个大长方形,它的长为12,宽为7,故周长为(12+7)×2=38.

注: 当面积一定时,长、宽越接近,则周长越小.

2.7 利润问题

商店出售商品,总是期望获得利润.例如,某商品买入价(成本)是 50 元,以 70 元卖出,就获得利润 $70-50=20$(元).通常,利润也可以用百分数来表示,$20\div 50=0.4=40\%$,我们也可以说获得 40% 的利润.因此,

$$利润的百分数=(卖价-成本)\div 成本\times 100\%,$$

$$卖价=成本\times(1+利润的百分数),$$

$$成本=卖价\div(1+利润的百分数).$$

商品的定价按照期望的利润来确定,

$$定价=成本\times(1+期望利润的百分数).$$

定价高了,商品可能卖不掉,只能降低利润(甚至亏本),减价出售.减价有时也按定价的百分数来算,这就是折扣.减价 25%,就是按定价的 $1-25\%=75\%$ 出售,通常称为七五折.因此

$$卖价=定价\times 折扣,$$

$$(1+期望利润的百分数)\times 折扣=1+利润的百分数.$$

【例 1】 某商品按定价的 80%(或打八折)出售,仍能获得 20% 的利润,定价时期望的利润百分数是( ).

A. 40%　　　　　B. 60%　　　　　C. 72%　　　　　D. 50%

解析 设定价是"1",卖价是定价的 80%,就是 0.8.因为获得 20% 的利润,则成本为 $\dfrac{2}{3}$.则定价的期望利润的百分数是 $\left(1-\dfrac{2}{3}\right)\div\dfrac{2}{3}=50\%$.故选 D.

【例 2】 某商店进了一批笔记本,按 30% 的利润定价.当售出这批笔记本的 80% 后,为了尽早销完,商店把这批笔记本按定价的一半出售.则销完后商店实际获得的利润百分数是( ).

A. 12%　　　　　B. 18%　　　　　C. 20%　　　　　D. 17%

解析 设这批笔记本的成本是"1",因此定价是 $1\times(1+30\%)=1.3$,其中 80% 的卖价是 $1.3\times 80\%$,20% 的卖价是 $1.3\div 2\times 20\%$.

因此全部卖价是 $1.3\times 80\%+1.3\div 2\times 20\%=1.17$.

实际获得利润的百分数是 $1.17-1=0.17=17\%$.故选 D.

【例 3】 有一种商品,甲店进货价(成本)比乙店进货价便宜 10%.甲店按 20% 的利润来定价,乙店按 15% 的利润来定价,甲店的定价比乙店的定价便宜 11.2 元.则甲店的进货价是( )元.

A. 110　　　　　B. 200　　　　　C. 144　　　　　D. 160

解析 设乙店的进货价是"1",甲店的进货价就是 0.9.

乙店的定价是 $1\times(1+15\%)=1.15$,甲店的定价是 $0.9\times(1+20\%)=1.08$.

因此乙店的进货价是 $11.2\div(1.15-1.08)=160$(元);甲店的进货价是 $160\times 0.9=144$(元).故选 C.

注:设乙店进货价是 1,比设甲店进货价是 1,计算要方便些.

【例 4】 开明出版社出版的某种书,今年每册书的成本比去年增加 10%,但是仍保持原售价,因此每本利润下降了 40%,那么今年这种书的成本在售价中所占的百分数是(   ).

  A. 89%   B. 88%   C. 72%   D. 87.5%

  解析 设去年的利润是"1".

  利润下降了 40%,转变成去年成本的 10%,因此去年成本是 $40\% \div 10\% = 4$.

  在售价中,去年成本占售价的 80%,因此今年成本占售价的 $80\% \times (1 + 10\%) = 88\%$. 故选 B.

  注:因为是利润的变化,所以设去年利润是 1,便于衡量,使计算较简捷.

  【例 5】 一批商品,按期望获得 50% 的利润来定价. 结果只销掉 70% 的商品. 为尽早销掉剩下的商品,商店决定打折销售,这样所获得的全部利润是原来的期望利润的 82%,则打了(   )折.

  A. 六   B. 七   C. 八   D. 九

  解析 设商品的成本是"1",原来希望获得利润 0.5,

  现在出售 70% 商品已获得利润 $0.5 \times 70\% = 0.35$,

  剩下的 30% 商品将要获得利润 $0.5 \times 82\% - 0.35 = 0.06$.

  因此这剩下 30% 商品的售价是 $1 \times 30\% + 0.06 = 0.36$,

  原来定价是 $1 \times 30\% \times (1 + 50\%) = 0.45$,

  则所打的折扣百分数是 $0.36 \div 0.45 = 80\%$,即打八折出售. 故选 C.

  从例 1 到例 5,解题开始都设"1",这是基本技巧. 设什么是"1",很有讲究,希望大家从中能有所体会.

  【例 6】 某商品按定价出售,每个可以获得 45 元钱的利润. 现在按定价打八五折出售 8 个,所获得的利润与按定价每个减价 35 元出售 12 个所获得的利润一样. 则这一商品每个定价是(   )元.

  A. 100   B. 200   C. 300   D. 220

  解析 按定价每个可以获得利润 45 元,现每个减价 35 元出售 12 个,共可获得利润 $(45 - 35) \times 12 = 120$(元).

  出售 8 个也能获得同样利润,每个要获得利润 $120 \div 8 = 15$(元).

  不打折每个可以获得利润 45 元,打八五折每个可以获得利润 15 元,因此每个商品的定价是 $(45 - 15) \div (1 - 85\%) = 200$(元). 故选 B.

  【例 7】 张先生向商店订购某一商品,共订购 60 件,每件定价 100 元. 张先生对商店经理说:"如果你肯减价,每件商品每减价 1 元,我就多订购 3 件." 商店经理算了一下,如果减价 4%,由于张先生多订购,仍可获得原来一样多的总利润. 则这种商品的成本是(   )元.

  A. 66   B. 72   C. 76   D. 82

  解析 减价 4%,按照定价来说,每件商品售价下降了 $100 \times 4\% = 4$(元). 因此张先生要多订购 $4 \times 3 = 12$(件).

由于 60 件每件减价 4 元,就少获得利润 $4\times60=240$(元).

这要由多订购的 12 件所获得的利润来弥补,因此多订购的 12 件,每件要获得利润 $240\div12=20$(元).

则这种商品每件成本是 $100-4-20=76$(元).故选 C.

2.8 比例问题

比例问题是数学运算中很重要的题型.解决好比例问题,关键要从两点入手:第一,和谁比;第二,增加或减少多少.

【例1】 b 比 a 增加了 20%,则 b 是 a 的多少? a 又是 b 的多少呢?

解 可根据方程的思想列式得 $a\cdot(1+20\%)=b$,所以 b 是 a 的 1.2 倍.

$\dfrac{a}{b}=\dfrac{1}{1.2}=\dfrac{5}{6}$,所以 a 是 b 的 $\dfrac{5}{6}$.

【例2】 养鱼塘里养了一批鱼,第一次捕上来 200 尾,做好标记后放回鱼塘,数日后再捕上 100 尾,发现有标记的鱼为 5 尾,则鱼塘里大约有( )尾鱼.

A.200 　　　　B.4 000 　　　　C.5 000 　　　　D.6 000

解析 方程法:可设鱼塘有 x 尾鱼,则可列方程 $\dfrac{100}{5}=\dfrac{x}{200}$,解得 $x=4\,000$.

所以,答案为 B.

【例3】 2011 年,某公司所销售的计算机台数比上一年度增加了 20%,而每台的价格比上一年度下降了 20%.如果 2011 年该公司的计算机销售额为 3 000 万元,那么 2010 年的计算机销售额大约是( ).

A.2 900 万元 　　B.3 000 万元 　　C.3 100 万元 　　D.3 300 万元

解析 方程法:可设 2010 年时,销售的计算机台数为 x,每台的价格为 y,显然由题意可知,2011 年的计算机销售额为 $x(1+20\%)y(1-20\%)$,也即 $3\,000=0.96xy$,显然 $xy\approx3\,100$.

所以,答案为 C.

特殊方法:对一商品价格而言,如果上涨 x 后又下降 x,求此时的商品价格为原价的多少;或者下降 x 再上涨 x,求此时的商品价格为原价的多少.只要上涨和下降的百分比相同,我们就可运用简化公式 $1-x^2$.但如果上涨或下降的百分比不相同时,则不可运用简化公式,需要一步一步来.对于此题而言,计算机台数比上一年度上升了 20%,每台的价格比上一年度下降了 20%,因为销售额=销售台数×每台销售价格,所以根据乘法的交换律我们可以看作是销售额上涨了 20% 后又下降了 20%,因而 2011 年是 2010 年的 $1-(20\%)^2=0.96$.2011 年的销售额为 3 000 万元,则 2010 年的销售额为 $3\,000\div0.96\approx3\,100$(万元).

【例4】 生产出来的一批衬衫中,大号和小号各占一半,其中 25% 是白色的,75% 是蓝色的.如果这批衬衫总共有 100 件,其中大号白色衬衫有 10 件,那么小号蓝色衬衫有( )件.

A. 15　　　　　B. 25　　　　　C. 35　　　　　D. 40

解析　这是一道涉及容斥关系(本书后面会有专题讲解)的比例问题.

根据已知,大号白＝10件,因为大号共50件,所以大号蓝＝40件;

大号蓝＝40件,因为蓝色共75件,所以小号蓝＝35件.

此题可以用另一种方法进行解析(多进行这样的思维训练,有助于提升解题能力):

大号白＝10件,因为白色共25件,所以小号白＝15件;

小号白＝15件,因为小号共50件,所以小号蓝＝35件.

所以,答案为C.

【例5】　某企业发奖金是根据利润提成发放的,利润低于或等于10万元时可提成10%;低于或等于20万元时,高出10万元的部分按7.5%提成;高于20万元时,高出20万元的部分按5%提成.当利润为40万元时,应发放奖金(　　)万元.

A. 2　　　　　B. 2.75　　　　　C. 3　　　　　D. 4.5

解析．本题需要读懂题干内容,再根据要求列式即可.

奖金应为 $10 \times 10\% + (20-10) \times 7.5\% + (40-20) \times 5\% = 2.75$(万元).

所以,答案为B.

【例6】　某校在原有(学生700人,教师300人)基础上扩大规模,现新增加教师75人.为使学生和教师比例低于2:1,则学生人数最多能增加(　　).

A. 7%　　　　　B. 8%　　　　　C. 10.3%　　　　　D. 115%

解析　根据题意,新增加教师75人,则学生最多可达到 $(300+75) \times 2 = 750$(人),学生人数增加的比例则为 $(750-700) \div 700 \approx 7.1\%$.

所以,答案为A.

【例7】　某企业去年的销售收入为1 000万元,成本分生产成本500万元和广告费200万元两个部分.若年利润必须按 $P\%$ 纳税,年广告费超出年销售收入2%的部分也必须按 $P\%$ 纳税,其他不纳税,且已知该企业去年共纳税120万元,则税率 $P\%$ 为(　　).

A. 40%　　　　　B. 25%　　　　　C. 12%　　　　　D. 10%

解析　选用方程法,根据题意列式如下:

$$(1\ 000-500-200) \times P\% + (200-1\ 000 \times 2\%) \times P\% = 120,$$

则 $480 \times P\% = 120$,即 $P\% = 25\%$.

所以,答案为B.

【例8】　甲、乙两盒共有棋子108颗,先从甲盒中取出 $\frac{1}{4}$ 放入乙盒,再从乙盒中取出 $\frac{1}{4}$ 放回甲盒,这时两盒的棋子数相等,则甲盒原有棋子(　　).

A. 40颗　　　　　B. 48颗　　　　　C. 52颗　　　　　D. 60颗

解析　此题可用方程法.设甲盒有 x 颗,乙盒有 y 颗,则列方程组如下:

$$\begin{cases} x+y=108 \\ \dfrac{1}{4}\left(\dfrac{1}{4}x+y\right)+\dfrac{3}{4}x=\dfrac{3}{4}\left(\dfrac{1}{4}x+y\right), \end{cases}$$

解得 $x=48, y=60$.

所以,答案为 B.

本题运用直接代入法或逆推法更快捷.

【**例 9**】　甲、乙两名工人 8 小时共加工 736 个零件,甲加工的速度比乙加工的速度快 30%,则乙每小时加工(　　)零件.

A. 30 个　　　　　B. 35 个　　　　　C. 40 个　　　　　D. 45 个

解析　选用方程法.设乙每小时加工 x 个零件,则甲每小时加工 $1.3x$ 个零件,故可列方程如下:$(1+1.3x) \times 8 = 736$,解得 $x = 40$.

所以,答案为 C.

【**例 10**】　已知甲的 12% 为 13,乙的 13% 为 14,丙的 14% 为 15,丁的 15% 为 16,则甲、乙、丙、丁四个数中最大的数是(　　).

A. 甲　　　　　B. 乙　　　　　C. 丙　　　　　D. 丁

解析　显然甲 $= \dfrac{13}{12\%}$,乙 $= \dfrac{14}{13\%}$,丙 $= \dfrac{15}{14\%}$,丁 $= \dfrac{16}{15\%}$,显然最大数就在甲、乙之间,

所以比较甲、乙的大小即可,$\dfrac{甲}{乙} = \dfrac{\frac{13}{12\%}}{\frac{14}{13\%}} > 1$,所以甲>乙>丙>丁.

所以,答案为 A.

【**例 11**】　某单位召开一次会议,会期 10 天.后来由于议程增加,会期延长 3 天,费用超过了预算,仅食宿费一项就超过预算 20%,用了 6 000 元.已知食宿费用预算占总预算的 25%,那么总预算费用是(　　).

A. 18 000 元　　　B. 20 000 元　　　C. 25 000 元　　　D. 30 000 元

解析　设总预算为 x 元,则可列方程为:$25\%x = 6\,000 \div (1+20\%)$,解得 $x = 20\,000$.

所以,答案为 B.

【**例 12**】　一种收录机,连续两次降价 10% 后的售价是 405 元,那么原价是(　　).

A. 490 元　　　　　B. 500 元　　　　　C. 520 元　　　　　D. 560 元

解析　连续涨(降)价相同幅度的基本公式如下:

$c = a(1 \pm b)^n$,a 表示涨(降)价前的价格;b 表示涨(降)价的百分比;c 表示涨(降)价后的价格;n 表示连续涨(降)价的次数.

如果设原价为 x 元,那么由以上公式可列如下方程:

$x = 405 \div (1-10\%)^2$,解得 $x = 500$.

所以,答案为 B.此题可以选择代入法快速得到答案.

【**例 13**】　某企业 2013 年产值的 20% 相当于 2012 年产值的 25%,那么,2013 年的产值与 2012 年的相比(　　).

A. 降低了 5%　　B. 提高了 5%　　C. 提高了 20%　　D. 提高了 25%

解析　此题可采用直接作比的方法.设 2012 年的产值为 a,2013 年的产值为 b,则根据题意可列方程:$a \cdot 25\% = b \cdot 20\%$,则 2013 年的产值与 2012 年的比为 $\dfrac{b}{a} = \dfrac{25\%}{20\%} = \dfrac{5}{4}$,

也即 2013 年的产值比 2012 年的提高了 25%.

所以,答案为 D.

【例 14】　某人用 4 410 元买了一台电脑,其价格是原来定价相继折扣了 10% 和 2% 后的价格,则电脑原来定价是(　　).

A. 4 950 元　　　　B. 4 990 元　　　　C. 5 000 元　　　　D. 5 010 元

解析　采用方程法即可.设电脑原来定价是 x,则可列方程为 $x \cdot (1-10\%) \cdot (1-2\%)=4\ 410$,解得 $x=5\ 000$.

所以,答案为 C.

注:此题不能用例 12 的基本公式,因为降价幅度不同.

【例 15】　某机关共有干部、职工 350 人,其中 55 岁以上共有 70 人.现拟进行机构改革,总体规模压缩为 180 人,并规定 55 岁以上的人裁减比例为 70%.请问 55 岁以下的人裁减比例约是(　　).

A. 51%　　　　B. 43%　　　　C. 40%　　　　D. 34%

解析　设 55 岁以下的人裁减比例为 x,则可列方程为:

$70 \times (1-70\%)+(350-70) \times (1-x)=180$,解得 $x \approx 43\%$.

所以,答案为 B.

【例 16】　某储户于 1999 年 1 月 1 日存入银行 60 000 元,年利率为 2.00%,存款到期日即 2000 年 1 月 1 日将存款全部取出,国家规定凡 1999 年 11 月 1 日后产生的利息收入应缴纳利息税,税率为 20%,则该储户实际提取本金合计为(　　).

A. 61 200 元　　　　B. 61 160 元　　　　C. 61 000 元　　　　D. 60 040 元

解析　如不考虑利息税,则 1999 年 1 月 1 日存款到期日即 2000 年 1 月 1 日可得利息为 60 000×2%=1 200(元),也即 100 元/月,但实际上从 1999 年 11 月 1 日后要收 20% 利息税,也即只有 2 个月的利息收入要交税,税额为 200×20%=40(元).所以,提取总额为 60 000+1 200-40=61 160(元).

所以,答案为 B.

【例 17】　甲、乙、丙三人买书共花费 96 元钱,已知丙比甲多花 16 元,乙比甲多花 8 元,则甲、乙、丙三人花的钱的比是(　　).

A. 3:5:4　　　　B. 4:5:6　　　　C. 2:3:4　　　　D. 3:4:5

解析　我们通常采用方程法,即设甲的花费为 x 元,则 $3x+16+8=96$,则 $x=24$,进而可算出比例关系为 3:4:5,即为选项 D.这里请注意,我们在解题时应尽量避免采用方程法,应将这一方程运算过程用习惯性思维替代,具体思维过程如下:96-16-8=72,所得就应该是 3 倍甲的花费,由此得到甲的花费是 24 元.

所以,答案为 D.

2.9　抽屉原理

【例 1】　一副扑克牌有四种花色,每种花色各有 13 张,现在从中任意抽牌,则最少抽(　　)张牌,才能保证有 4 张牌是同一种花色的.

A. 12　　　　B. 13　　　　C. 15　　　　D. 16

解析　根据抽屉原理,当每次取出 4 张牌时,则至少可以保障每种花色一样一张. 以此类推,当取出 12 张牌时,则至少可以保障每种花色一样 3 张,所以当抽取第 13 张牌时,无论是什么花色,都可以至少保障有 4 张牌是同一种花色.

所以,答案为 B.

【例2】　从 1、2、3、4、…、12 这 12 个自然数中,至少任选(　　)个,就可以保证其中一定包括两个数,它们的差是 7.

A. 7　　　　　　　B. 10　　　　　　　C. 9　　　　　　　D. 8

解析　在这 12 个自然数中,差是 7 的自然数有以下 5 对:{12,5}、{11,4}、{10,3}、{9,2}、{8,1}. 另外,还有 2 个不能配对的数是{6}、{7}. 可构造抽屉原理,共构造了 7 个抽屉. 只要有 2 个数是取自同一个抽屉,它们的差就等于 7. 这 7 个抽屉可以表示为{12,5}、{11,4}、{10,3}、{9,2}、{8,1}、{6}、{7},显然从 7 个抽屉中取 8 个数,则一定可以使有 2 个数来源于同一个抽屉,也即作差为 7.

所以,答案为 D.

【例3】　有红、黄、蓝、白珠子各 10 粒,装在一只袋子里,为了保证摸出的珠子有两粒颜色相同,应至少摸出(　　)粒.

A. 3　　　　　　　B. 4　　　　　　　C. 5　　　　　　　D. 6

解析　这是一道典型的抽屉原理题,只不过比例 2 复杂一些,仔细分析其实并不难. 解这种题时,要从最坏的情况考虑,所谓的最不利原则,假定摸出的前 4 粒都不同色,则再摸出的 1 粒(第 5 粒)一定可以保证可以和前面中的 1 粒同色. 因此选 C.

传统的解抽屉原理的方法是找两个关键词:"保证"和"最少".

保证:5 粒可以保证始终有 2 粒同色,如取少于 5 粒,比如 4 粒,我们取红、黄、蓝、白各 1 个,就不能"保证"有 2 粒同色,所以"保证"指的是要一定没有意外.

最少:不能取大于 5 的,因为 5 就能"保证".

所以,答案为 C.

【例4】　从一副完整的扑克牌中至少抽出(　　)张牌,才能保证至少有 6 张牌的花色相同.

A. 21　　　　　　　B. 22　　　　　　　C. 23　　　　　　　D. 24

解析　$2+5×4+1=23$(张).

所以,答案为 C.

2.10　工程问题

工程问题是从分率的角度研究工作总量、工作时间和工作效率三个量之间的关系,它们有如下关系:工作效率×工作时间=工作总量;工作总量÷工作效率=工作时间;工作总量÷工作时间=工作效率. 那我们应该怎样分析工程问题呢?

1. 深刻理解、正确分析相关概念

对于工程问题,要深刻理解工作总量、工作时间、工作效率,简称工总、工时、工效.通常工作总量的具体数值是无关紧要的,一般利用它不变的特点,把它看作单位"1";工作时间是指完成工作总量所需的时间;工作效率是指单位时间内完成的工作量,即用单位时间内完成工作总量的几分之一或几分之几来表示工作效率.

分析工程问题数量关系时,运用画示意图、线段图等方法,正确分析、弄清题目中哪个量是工作总量、工作时间和工作效率.

2. 抓住基本数量关系

解题时,要抓住工程问题的基本数量关系:工作总量=工作效率×工作时间.灵活地运用这一数量关系提高解题能力是解工程问题的核心数量关系.

3. 以工作效率为突破口

工作效率是解答工程问题的要点,解题时往往要求出一个人一天(或一小时)的工作量,即工作效率(如修路的长度、加工的零件数等).如果能直接求出工作效率,再解答其他问题就较容易;如果不能直接求出工作效率,就要仔细分析单独或合作的情况,想方设法求出单独做的工作效率或合作的工作效率.

工程问题中常出现单独做、几人合作或轮流做的情况,分析时要梳理、理顺工作过程,抓住完成工作的几个过程或几种变化,通过对应工作的每一阶段的工作量、工作时间来确定单独做或合作的工作效率.也常常将问题转化为由甲(或乙)完成全部工程(或工作)的情况,使问题得到解决

要抓住题目中总的工作时间比、工作效率比、工作量比,及抓住隐蔽的条件来确定工作效率,或者确定工作效率之间的关系.

总之,单独的工作效率或合作的工作效率是解答工程问题的关键.

【例1】 一项工作,甲单独做 12 小时可以完成,乙单独做 9 小时可以完成.如果按照甲先乙后的顺序,每人每次 1 小时轮流进行,完成这项工作需要几小时?

解 设这项工作为"1",则甲、乙的工作效率分别是 $\frac{1}{12}$ 和 $\frac{1}{9}$.按照甲先乙后的顺序,每人每次 1 小时轮流进行,甲、乙各工作 1 小时,完成这项工作的 $\frac{7}{36}$,甲、乙这样轮流进行 5 次,即 10 小时后,完成了工作的 $\frac{35}{36}$,还剩下这项工作的 $\frac{1}{36}$,剩下的工作由甲来完成,还需要 $\frac{1}{3}$ 小时,因此完成这项工作需要 $\frac{31}{3}$ 小时.

【例2】 一份稿件,甲、乙、丙三人单独打各需 20、24、30 小时.现在三人合打,但甲因中途另有任务提前撤出,结果用 12 小时全部完成.那么,甲只打了几小时?

解 设打这份稿件的总工作量是1,则甲、乙、丙三人的工作效率分别是 $\frac{1}{20}$、$\frac{1}{24}$ 和 $\frac{1}{30}$.在甲中途撤出前后,乙、丙二人始终在打这份稿件,乙、丙 12 小时打了这份稿件的 $\frac{9}{10}$,还

剩下稿件的 $\frac{1}{10}$，就是甲打的. 所以, 甲只打了 2 小时.

【例 3】　一件工程, 甲、乙合作 6 天可以完成. 现在甲、乙合作 2 天后, 余下的工程由乙独做又用 8 天正好做完. 这件工程如果由甲单独做, 需要几天完成?

解　甲、乙合作 2 天, 甲 2 天、乙 2 天, 剩下应该是甲 4 天、乙 4 天等于乙 8 天, 则甲的工作效率等于乙的工作效率, 所以甲单独完成需要 12 天.

【例 4】　一个游泳池, 甲管放满水需 6 小时; 甲、乙两管同时放水, 放满需 4 小时. 如果只用乙管放水, 则放满需(　　).

A. 8 小时　　　　　　B. 10 小时　　　　　　C. 12 小时　　　　　　D. 14 小时

解析　设游泳池放满水的工作量为 1, 甲管放满水需 6 小时, 则甲每小时完成工作量的 $\frac{1}{6}$; 甲、乙两管同时放水, 放满需 4 小时, 则甲、乙共同注水, 每小时可注游泳池的 $\frac{1}{4}$, 则乙每小时注水的量为 $\frac{1}{4}-\frac{1}{6}=\frac{1}{12}$. 如果只用乙管放水, 则放满需 12 小时.

所以, 答案为 C.

另法: 甲、乙同时放水需要 4 小时 = 甲 4 小时 + 乙 4 小时 = 甲 6 小时, 则乙的工作效率 = 0.5×甲的工作效率, 故只用乙管放水需要 12 小时.

【例 5】　一个水池有甲、乙两个排水管和一个进水管丙. 若同时开放甲、丙两水管, 20 小时可将满池水排空; 若同时开放乙、丙两水管, 30 小时可将满池水排空, 若单独开放丙水管, 60 小时可将空池注满. 若同时打开甲、乙、丙三水管, 要排空水池中的满池水, 需几小时?

解　工程问题最好采用方程法.

由题可设甲 x 小时排空池水, 乙 y 小时排空池水, 则可列方程组:

$$\begin{cases} \dfrac{1}{x}-\dfrac{1}{60}=\dfrac{1}{20} \\ \dfrac{1}{y}-\dfrac{1}{60}=\dfrac{1}{30} \end{cases},$$

解得 $\begin{cases} x=15 \\ y=20 \end{cases}$. 则三个水管全部打开, 需要 $1\div\left(\dfrac{1}{15}+\dfrac{1}{20}-\dfrac{1}{60}\right)=10$(小时).

所以, 同时开启甲、乙、丙三水管将满池水排空需 10 小时.

【例 6】　铺设一条自来水管道, 甲队单独铺设 8 天可以完成, 而乙队每天可铺设 50 米. 如果甲、乙两队同时铺设, 4 天可以完成全长的 $\frac{2}{3}$, 这条管道全长是(　　).

A. 1 000 米　　　　B. 1 100 米　　　　C. 1 200 米　　　　D. 1 300 米

解析　设乙需要 x 天完成这项工程, 依题意可列方程: $\left(\dfrac{1}{8}+\dfrac{1}{x}\right)\times4=\dfrac{2}{3}$, 解得 $x=24$.

故乙每天可完成总工程的 $\frac{1}{24}$，即 50 米，所以管道总长为 1 200 米.

所以,答案为 C.

另:甲 4 天完成 $\frac{1}{2}$;乙 4 天完成 200 米,即 $\frac{1}{6}$.故全长为 1 200 米.

【例 7】 一项工程甲、乙、丙合作 5 天完成,现在三人合作 2 天后,甲调走,乙、丙继续合作 5 天后完工,问:甲一人独做需几天完工?

解 三人合作 2 天完成 $\frac{2}{5}$,剩余 $\frac{3}{5}$ 需要乙、丙 5 天完成,效率为 $\frac{3}{25}$,则甲的效率为 $\frac{1}{5}-$ $\frac{3}{25}=\frac{2}{25}$,所以甲单独做需要 12.5 天.

【例 8】 制作一批零件,甲车间要 10 天完成;如果甲车间和乙车间一起做只要 6 天就能完成,乙车间和丙车间一起做需要 8 天完成.现在三个车间一起做,完成后发现甲比乙多做 2 400 个.丙制作零件多少个?

解 由题意可知,乙单独做需要 15 天,效率比为甲：乙＝3：2;丙单独做需要 7 天,则效率比为乙：丙＝8：7,则甲：乙：丙＝12：8：7.假设丙制作了 $7x$ 个,则甲比乙多做 $4x=2\,400$(个),故 $7x=4\,200$(个),即丙制作了 4 200 个.

【例 9】 蓄水池有甲、丙两个进水管和乙、丁两个排水管.要注满一池水,单开甲管要 3 小时,单开丙管要 5 小时.要排光一池水,单开乙管要 4 小时,单开丁管要 6 小时.现知池内有 $\frac{1}{6}$ 池水,如果按甲→乙→丙→丁→甲→…的顺序轮流各开一小时,问:多少小时后,水开始溢出水池?

解 甲、乙、丙、丁四个水管各开 1 小时以后,也就是一个轮回,水池的水量是 $\left(\frac{1}{3}+\frac{1}{5}\right)-\left(\frac{1}{4}+\frac{1}{6}\right)=\frac{7}{60}$.

当 n 个轮回结束,水池水量超过 $\frac{2}{3}$ 时,再单独开甲就要有水溢出.可列方程如下:

$\frac{1}{6}+n\times\frac{7}{60}=\frac{2}{3}$,解得 $n=4\cdots\cdots2$.

取 $n=5$,则 $1-\frac{1}{6}-5\times\frac{7}{60}=\frac{1}{4}$,则单独开甲需要 $\frac{3}{4}$ 小时.故总时间为 $4\times5+\frac{3}{4}=$ $20\frac{3}{4}$(小时).

2.11 年龄问题

年龄问题是日常生活中一种十分常见的问题,它的主要特点是:时间发生变化,年龄在增长,但是年龄差始终不变.年龄问题往往是"和差""差倍"等问题的综合应用.解题时,我们一定要抓住"年龄差不变"这个解题要害.

解答年龄问题的一般方法：

几年后的年龄＝大小年龄差÷倍数差－小年龄；

几年前的年龄＝小年龄－大小年龄差÷倍数差.

【例 1】 甲对乙说："当我的岁数是你现在岁数时，你才 4 岁."乙对甲说："当我的岁数到你现在的岁数时，你将有 67 岁."则甲、乙现在的年龄分别为(　　).

A. 45 岁, 26 岁　　　B. 46 岁, 25 岁　　　C. 47 岁, 24 岁　　　D. 48 岁, 23 岁

解析 甲、乙二人的年龄差为 $(67-4)\div 3=21$ (岁)，故今年甲为 $67-21=46$ (岁)，乙为 $46-21=25$ (岁).故答案为 B.

【例 2】 爸爸、哥哥和妹妹现在的年龄和是 64 岁.当爸爸的年龄是哥哥的 3 倍时，妹妹 9 岁；当哥哥的年龄是妹妹的 2 倍时，爸爸 34 岁.现在爸爸的年龄是(　　)岁.

A. 34　　　　　B. 39　　　　　C. 40　　　　　D. 42

解析 **方法 1** 用代入法逐项代入验证.

方法 2 利用"年龄差"是不变的，列方程求解.设爸爸、哥哥和妹妹现在的年龄分别为 x 岁、y 岁和 z 岁，那么可得下列三元一次方程组：$\begin{cases} x+y+z=64 \\ x-(z-9)=3[y-(z-9)] \\ y-(x-34)=2[z-(x-34)] \end{cases}$，可求得 $x=40$.故答案为 C.

【例 3】 1998 年，甲的年龄是乙的年龄的 4 倍. 2002 年，甲的年龄是乙的年龄的 3 倍.则甲、乙二人 2002 年的年龄分别是(　　).

A. 34 岁, 12 岁　　　B. 32 岁, 8 岁　　　C. 36 岁, 12 岁　　　D. 34 岁, 10 岁

解析 抓住年龄问题的要害即年龄差不变. 1998 年，甲的年龄是乙的年龄的 4 倍，则甲、乙的年龄差是乙的年龄的 3 倍. 2002 年，甲的年龄是乙的年龄的 3 倍，此时甲、乙的年龄差是乙的年龄的 2 倍.根据年龄差不变可得：

3×1998 年乙的年龄 $=2 \times 2002$ 年乙的年龄 $=2 \times (1998$ 年乙的年龄 $+4)$，

解得 1998 年乙的年龄为 8 岁，则 2002 年乙的年龄为 12 岁，甲的年龄为 36 岁.

故答案为 C.

【例 4】 今年父亲年龄是儿子年龄的 10 倍，6 年后父亲年龄是儿子年龄的 4 倍，则今年父亲、儿子的年龄分别是(　　).

A. 60 岁, 6 岁　　　B. 50 岁, 5 岁　　　C. 40 岁, 4 岁　　　D. 30 岁, 3 岁

解析 依据"年龄差不变"这个关键和核心，今年父亲年龄是儿子年龄的 10 倍，也即父子年龄差是儿子年龄的 9 倍. 6 年后父亲年龄是儿子年龄的 4 倍，也即父子年龄差是儿子年龄(6 年后的年龄)的 3 倍.依据年龄差不变，我们可知：儿子今年年龄的 9 倍＝儿子 6 年后年龄的 3 倍＝3×(儿子今年的年龄＋6)，解得儿子今年的年龄为 3 岁，则父亲今年的年龄为 30 岁.

故答案为 D.

注：此种类型题也可用代入法.只要将四个选项都加上 6，看看是否成 4 倍关系，只有

D 选项符合,能快速解题.

2.12　容斥原理

核心公式:

(1)两个集合的容斥关系公式:$A+B=A\cup B+A\cap B$;

(2)三个集合的容斥关系公式:$A+B+C=A\cup B\cup C+A\cap B+B\cap C+C\cap A-A\cap B\cap C$.

【例1】 对某单位的 100 名员工进行调查,结果发现他们喜欢看球赛、电影和戏剧.其中 58 人喜欢看球赛,38 人喜欢看戏剧,52 人喜欢看电影,既喜欢看球赛又喜欢看戏剧的有 18 人,既喜欢看电影又喜欢看戏剧的有 16 人,三种都喜欢看的有 12 人,则只喜欢看电影的有(　　).

A. 22 人　　　　　B. 28 人　　　　　C. 30 人　　　　　D. 36 人

解析 设 $A=$喜欢看球赛的人(58),$B=$喜欢看戏剧的人(38),$C=$喜欢看电影的人(52),则

$A\cap B=$既喜欢看球赛又喜欢看戏剧的人(18),

$B\cap C=$既喜欢看电影又喜欢看戏剧的人(16),

$A\cap B\cap C=$三种都喜欢看的人(12),

$A\cup B\cup C=$看球赛、电影和戏剧至少喜欢一种(100).

根据公式:$A+B+C=A\cup B\cup C+A\cap B+B\cap C+C\cap A-A\cap B\cap C$,

则 $C\cap A=A+B+C-(A\cup B\cup C+A\cap B+B\cap C-A\cap B\cap C)$

$\qquad=58+38+52-(100+18+16-12)=26.$

所以,只喜欢看电影的人 $=C-B\cap C-C\cap A+A\cap B\cap C$

$\qquad\qquad\qquad\qquad=52-16-26+12$

$\qquad\qquad\qquad\qquad=22.$

所以,答案为 A.

【例2】 某大学某班学生总数为 32 人,在第一次考试中有 26 人及格,在第二次考试中有 24 人及格.若两次考试中,都没有及格的有 4 人,那么两次考试都及格的人数是(　　).

A. 22　　　　B. 18　　　　C. 28　　　　D. 26

解析 设 $A=$第一次考试中及格的人(26),$B=$第二次考试中及格的人(24).

显然,$A+B=26+24=50$,$A\cup B=32-4=28$,则根据公式 $A\cap B=A+B-A\cup B=50-28=22$.

所以,答案为 A.

【例3】 某单位有青年员工 85 人,其中 68 人会骑自行车,62 人会游泳,既不会骑车又不会游泳的有 12 人,则既会骑车又会游泳的有(　　)人.

A. 57　　　　　　B. 73　　　　　　C. 130　　　　　　D. 69

解析　设 A＝会骑自行车的人(68)，B＝会游泳的人(62).

显然，$A+B=68+62=130$，$A\cup B=85-12=73$，

则根据公式 $A\cap B=A+B-A\cup B=130-73=57$.

所以，答案为 A.

【例 4】　电视台向 100 人调查前一天收看电视的情况，有 62 人看过 2 频道，34 人看过 8 频道，11 人两个频道都看过. 两个频道都没看过的有多少人?

解　设 A＝看过 2 频道的人(62)，B＝看过 8 频道的人(34).

显然，$A+B=62+34=96$，$A\cap B$＝两个频道都看过的人(11)，

则根据公式 $A\cup B=A+B-A\cap B=96-11=85$.

所以，两个频道都没有看过的为 $100-85=15$(人).

第3章

函数、极限与连续

函数是现代数学的基本概念之一,是微积分的主要研究对象.极限概念是微积分的理论基础,极限方法是微积分的基本分析方法.因此,掌握、运用好极限方法是学好微积分的关键.连续是函数的一个重要性态.本章将首先复习中学数学的一些重要知识,在中学数学已有函数知识的基础上进一步理解函数概念,然后介绍函数、极限与连续的基本知识和有关方法,为今后的学习打下必要的基础.

3.1 中学数学知识回顾

本节主要介绍中学数学的一些基本概念、基本初等函数及其性质以及排列、组合等知识,为进一步理解函数概念打下良好基础.

3.1.1 集 合

1. 集合的概念

集合也简称集,集合是现代数学的基本语言,可以简洁、准确地表达数学内容,是数学中的一个重要的基本概念,在数学中具有很重要的地位,发挥着重要的作用.

集合及其相关的知识,在中学已经学习,这里只做一个简单总结与回顾.

具有某些属性的事物或对象的总体称为集合,集合中的事物或对象称为元素.通常用大写字母 $A,B,C,\cdots$ 表示集合,用小写字母 $a,b,c,\cdots$ 表示元素.

如果 a 是集合 A 的元素,就说 a 属于集合 A,记作 $a \in A$;如果 a 不是集合 A 的元素,就说 a 不属于集合 A,记作 $a \notin A$.元素 a 与集合 A 的隶属关系是明确的,即 a 或者属于集合 A,或者不属于集合 A,二者必居其一.

几个常用的数集:

(1)全体非负整数组成的集合叫作非负整数集(或自然数集),记作 **N**;

(2)所有正整数组成的集合叫作正整数集,记作 $\mathbf{N}_+$ 或 $\mathbf{N}^*$;

(3)全体整数组成的集合叫作整数集,记作 **Z**;

(4)全体有理数组成的集合叫作有理数集,记作 **Q**;

(5)全体实数组成的集合叫作实数集,记作 **R**.

以下是几个与集合相关的概念:

定义 1 不含任何元素的集合称为空集,记作 $\varnothing$.

定义 2 对于两个集合 A,B，如果集合 A 中任意一个元素都是集合 B 中的元素，则称集合 A 为集合 B 的子集，记为 $A \subseteq B(B \supseteq A)$.

关于子集有下列结论：

(1) $A \subseteq A$，即一个集合都是其自身的子集；

(2) $\varnothing \subseteq A$，即空集是任意一个集合的子集；

(3) 若 $A \subseteq B, B \subseteq C$，则 $A \subseteq C$，即集合的包含关系具有传递性.

定义 3 设 A,B 是两个集合，若 $A \subseteq B$ 且 $B \subseteq A$，则称集合 A 与集合 B 相等，记作 $A = B$.

显然，相等的两个集合含有完全相同的元素.

定义 4 如果一个集合含有研究问题中所涉及的所有元素，则称该集合为全集，通常记作 U.

2. 集合的表示方法

(1) 列举法

把集合的元素一一列举出来，并用"{ }"括起来. 此方法对有限个元素的集合较为方便，如 $A = \{a,b,c,d\}$，$B = \{1,2,3,4,5\}$.

(2) 描述法

用集合所含元素的共同特征表示集合的方法，具体表示为 $A = \{a \mid P(a)\}$，其中 a 是集合 A 的元素，$P(a)$ 是 a 具有的性质或满足的条件，如 $A = \{x \mid a \leqslant x \leqslant b\}$，$B = \{(x,y) \mid x \in \mathbf{R}, y \in \mathbf{R}\}$.

(3) 图示法

用曲线围成的封闭区域表示集合及相互间的关系，常用有维恩图、欧拉图等.

3. 集合的运算

集合的运算有"交""并""补"，下面给出它们的定义与性质.

定义 5 设 A,B 为两个集合，由所有属于集合 A 且属于集合 B 的元素组成的集合，称为 A 与 B 的交集，记作 $A \cap B$，即 $A \cap B = \{x \mid x \in A$ 且 $x \in B\}$.

集合的运算有下列性质：

(1) $A \cap A = A$；

(2) $(A \cap B) \subset A, (A \cap B) \subset B$；

(3) $A \cap \varnothing = \varnothing, A \cap U = A$；

(4) 交换律：$A \cap B = B \cap A$；

(5) 结合律：$(A \cap B) \cap C = A \cap (B \cap C)$.

定义 6 设 A,B 为两个集合，由所有属于集合 A 或集合 B 的元素组成的集合，称为集合 A 与 B 的并集，记作 $A \cup B$，即 $A \cup B = \{x \mid x \in A$ 或 $x \in B\}$.

集合的运算有下列性质：

(1) $A \cup A = A$；

(2) $A \subseteq (A \cup B), B \subseteq (A \cup B)$；

(3) $A \cup \varnothing = A, A \cup U = U$；

(4) 交换律：$A \cup B = B \cup A$；

(5)结合律:$(A\cup B)\cup C=A\cup(B\cup C)$.

定义 7　设 A 是一个集合,由全集 U 中不属于集合 A 的所有元素组成的集合,称为集合 A 相对于全集 U 的补集,记作 $\complement_U A$,即 $\complement_U A=\{x\mid x\in U$ 且 $x\notin A\}$.

集合的补集运算有下列性质:

(1)$A\cup\complement_U A=U,A\cap\complement_U A=\varnothing$;

(2)$A=B\Leftrightarrow\complement_U A=\complement_U B$;

(3)$\complement_U(\complement_U A)=A$.

4.集合的混合运算

集合的交、并除了各自满足交换律、结合律等运算律之外,集合的交、并、补的混合运算还满足下列运算律:

(1)分配律:$(A\cup B)\cap C=(A\cap C)\cup(B\cap C)$,$(A\cap B)\cup C=(A\cup C)\cap(B\cup C)$;

(2)摩根律:$\complement_U(A\cup B)=\complement_U A\cap\complement_U B$,$\complement_U(A\cap B)=\complement_U A\cup\complement_U B$.

3.1.2　实　数

1.实数及其几何表示

人类对数的认识是随社会生活的需要而逐步发展的.早期为了记数的需要,人们发明了自然数;由于分配的需要,人们发明了分数、小数;由于需要表示相对对立的数量,人们发明了负数,认识了无理数.数的发展为数学的发展奠定了基础.

(1)实数

有理数和无理数统称实数.

形如 $\dfrac{p}{q}$(p,q 为整数且 $q\neq 0$)的数,称为有理数;无限不循环小数,称为无理数,例如:$\pi\approx 3.141\ 592\ 6,\sqrt{2}\approx 1.414\ 213\ 6$.

(2)实数与数轴

规定了原点、正方向及单位长度的直线称为数轴.(如图 3-1)

图 3-1

有了数轴之后,任何一个实数均可用数轴上的一个点来表示;反之,数轴上任何一个点都表示一个实数.即数轴上的点和实数之间是一一对应的关系.以后为了方便起见,将实数和它在数轴上的对应的点不加区分,例如:实数 a,也称为点 a.

2.实数的绝对值

(1)实数的绝对值

实数 a 的绝对值用 $|a|$ 表示,规定正数和零的绝对值是它本身,负数的绝对值是它的相反数,即 $|a|=\begin{cases}a, & a\geqslant 0\\ -a, & a<0\end{cases}$.显然,实数的绝对值是一个非负数,且 $|a|$ 表示数轴上点 a 与原点之间的距离.(如图 3-2)

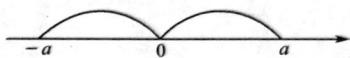

图 3-2

(2)实数绝对值的性质

实数绝对值的性质在今后有广泛的应用,现将它们列出:

设 a,b 为任意两个实数,

① $|a|\geqslant 0$, $|a|=|-a|$, $|a|=\sqrt{a^2}$;

② $-|a|\leqslant a\leqslant |a|$;

③ $|a\pm b|\leqslant |a|\pm |b|$;

④ $|a-b|\geqslant |a|-|b|\geqslant -|a-b|$;

⑤ $|a\cdot b|=|a|\cdot |b|$, $\left|\dfrac{a}{b}\right|=\dfrac{|a|}{|b|}$ $(b\neq 0)$.

(3)绝对值不等式

带有绝对值符号的不等式称为绝对值不等式.求解绝对值不等式,除用到绝对值的定义外,还常用到两个绝对值不等式的等价不等式,分别是

①当 $k>0$ 时,$|a|\leqslant k\Leftrightarrow -k\leqslant a\leqslant k$;

②当 $k>0$ 时,$|a|>k\Leftrightarrow a>k$ 或 $a<-k$.

其中"⇔"表示"等价于"或"当且仅当"的意思.

【例 1】 解下列绝对值不等式.

(1)$|2x-1|\leqslant 3$;

(2)$|3x-2|>4$.

解 (1)$|2x-1|\leqslant 3\Leftrightarrow -3\leqslant 2x-1\leqslant 3$,得 $-1\leqslant x\leqslant 2$.所以,不等式的解为 $-1\leqslant x\leqslant 2$.

(2)$|3x-2|>4\Leftrightarrow 3x-2>4$ 或 $3x-2<-4$,得 $x>2$ 或 $x<-\dfrac{2}{3}$.所以,不等式的解为 $x>2$ 或 $x<-\dfrac{2}{3}$.

【例 2】 解含绝对值不等式 $1<|x-3|<5$.

解 $1<|x-3|<5\Leftrightarrow \begin{cases}|x-3|>1\\|x-3|<5\end{cases}\Leftrightarrow \begin{cases}x-3>1 \text{ 或 } x-3<-1\\-5<x-3<5\end{cases}$.这是一个不等式组,解得 $-2<x<2$ 或 $4<x<8$.所以,不等式的解为 $-2<x<2$ 或 $4<x<8$.

3. 区间与邻域

(1)区间

设 a,b 是两个实数,且 $a<b$,我们规定:

①满足不等式 $a<x<b$ 的实数 x 的集合称为开区间,表示为 (a,b);

②满足不等式 $a\leqslant x\leqslant b$ 的实数 x 的集合称为闭区间,表示为 $[a,b]$;

③满足不等式 $a<x\leqslant b$ 或 $a\leqslant x<b$ 的实数 x 的集合称为半开半闭区间,分别表示为 $(a,b]$,$[a,b)$.

以上区间分别如图 3-3 所示.

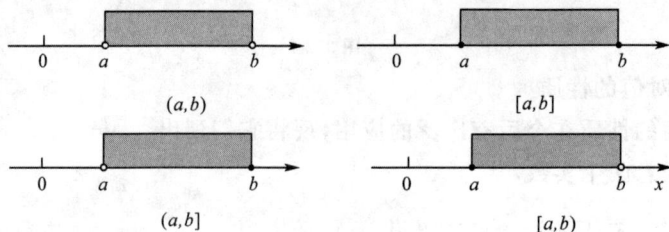

图 3-3

在图中,用实心点表示包括在区间内的端点,用空心点表示不包括在区间内的端点.

引入无穷大的记号 ∞,则以下各区间为无限区间:

$(a,+\infty)=\{x\,|\,a<x<+\infty\}=\{x\,|\,x>a\}$;

$[a,+\infty)=\{x\,|\,a\leqslant x<+\infty\}=\{x\,|\,x\geqslant a\}$;

$(-\infty,b)=\{x\,|\,-\infty<x<b\}=\{x\,|\,x<b\}$;

$(-\infty,b]=\{x\,|\,-\infty<x\leqslant b\}=\{x\,|\,x\leqslant b\}$;

$(-\infty,+\infty)=\{x\,|\,-\infty<x<+\infty\}=\{x\,|\,x\in\mathbf{R}\}$.

注意:∞ 是一个记号,并不表示一个很大的数,且不能参与运算.

(2)邻域

设 $\delta>0$,x_0 是一个实数,称集合 $\{x\,|\,|x-x_0|<\delta\}$ 为点 x_0 的 δ 邻域,记为 $U(x_0,\delta)$,即 $U(x_0,\delta)=\{x\,|\,|x-x_0|<\delta\}$,其中 x_0 为邻域的中心,δ 为邻域的半径.

在数轴上,点 x_0 的 δ 邻域表示以点 x_0 为中心、长度为 2δ 的开区间 $(x_0-\delta,x_0+\delta)$,如图 3-4(a)所示.

如果 x 在 x_0 的 δ 邻域内变化,但不能取 x_0,即 x 满足不等式 $0<|x-x_0|<\delta$,则称此邻域为点 x_0 的去心邻域,记为 $\mathring{U}(x_0,\delta)$,即 $\mathring{U}(x_0,\delta)=\{x\,|\,0<|x-x_0|<\delta\}$,如图 3-4(b)所示.

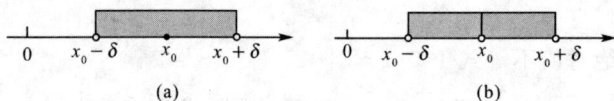

图 3-4

例如,3 的 0.01 邻域就是满足不等式 $|x-3|<0.01$ 的实数 x 的集合,即 $2.99<x<3.01$,也就是开区间 $(2.99,3.01)$.

又如,满足不等式 $0<|x+2|<0.01$ 的实数 x 的集合,就表示点 -2 的去心邻域,半径也是 0.01,该邻域即为开区间 $(-2.01,-2)\bigcup(-2,-1.99)$.

3.1.3 函　数

1. 常量与变量

在对自然现象或客观事物的研究观察中,常遇到各种不同的量,其中有的量在整个变化过程中保持不变,这样的量称为常量;还有的量在事物的变化中不断变化(从而可以取得不同的值),这样的量称为变量.

例如,从甲地飞往乙地的客机数、旅客人数、行李重量、票价与航空公司的收入等都是常量;而消耗的汽油,飞行中客机与甲、乙两地的距离等,则是变量.

在本书中,常用 $a,b,c,\cdots$ 表示常量,常用 $x,y,z,\cdots$ 表示变量.

2. 函数的概念

函数是描述变量间相互依赖关系的一种数学模型. 具体有如下定义:

定义 8 设有两个变量 x 和 y,当变量 x 在实数的某一范围 D 内任意取定一个数值时,变量 y 按照一定的法则 f,有唯一确定的值与之对应,则称 y 是 x 的函数,记作 $y=f(x),x\in D$,其中变量 x 的取值范围 D 称为函数的定义域.

若对于确定的 $x_0 \in D$,通过对应法则 f,函数 y 有唯一确定的值 y_0 与之对应,则称 y_0 为 $y=f(x)$ 在 x_0 处的函数值,记作 $y=y|_{x=x_0}=f(x_0)$.

函数值的集合称为函数的值域,记作 M.

在函数定义中,仅要求对自变量 $x\in D$,都有确定的 $y\in M$ 与之对应,因此,常量 $y=C$ 也符合函数的定义. 因为当 $x\in \mathbf{R}$,所对应的 y 值都是确定的常数 C,一般称 $y=C$ 为常值函数.

函数的定义中,涉及定义域 D、对应法则 f 和值域 M 三个因素. 显然,给出定义域 D 和对应法则 f 是决定一个函数的两个要素. 两个函数相等的充要条件是定义域和对应法则相同,需要注意的是,同一问题中涉及多个函数时,则应用不同的符号分别表示它们各自的对应法则.

3. 函数的表示方法

函数的表示方法一般有三种:公式法、表格法和图像法.

(1)公式法(解析法):用函数表达式表示自变量与因变量的对应关系.

特点:对应规则明显,函数值的计算方便,但不易看出其变化规律.

(2)表格法:将自变量及其对应的函数值列成表格表示变量之间的函数关系.

特点:自变量与函数值对应明显,但不易知道对应法则,且在理论上只能表示有限点的函数值.

(3)图像法:用平面直角坐标系中的曲线来表示变量之间的函数关系.

特点:易于观察函数的变化规律和趋势,但对应法则不明显,且不易计算函数值.

本书中常用的是公式法和图像法,且二者常结合使用.

【例3】 设 $f(x)=2^x,g(x)=x^2+1$,求 $f(-1),f(2),g(-1),g(2),f(1-x),f[g(x)],g(1-x),g[f(x)]$.

解 $f(-1)=\dfrac{1}{2},f(2)=4,f(1-x)=2^{1-x}$,

$f[g(x)]=2^{x^2+1},g(-1)=2,g(2)=5$,

$g(1-x)=(1-x)^2+1,g[f(x)]=2^{2x}+1$.

【例4】 设 $f(x+1)=x^2-3x$,求 $f(x)$.

解 令 $x+1=t$,则 $x=t-1$.

$f(t)=(t-1)^2-3(t-1)=t^2-2t+1-3t+3=t^2-5t+4$，即 $f(x)=x^2-5x+4$.

【例5】 求 $f(x)=\dfrac{1}{4-x^2}+\sqrt{x+2}$ 的定义域.

解　要使函数有意义，应满足 $\begin{cases} 4-x^2\neq 0 \\ x+2\geqslant 0 \end{cases}$，即有 $x>-2$ 且 $x\neq 2$，所以函数的定义域为 $(-2,2)\bigcup(2,+\infty)$.

求函数定义域的基本原则：

(1)分母不能为零；

(2)偶次根号下非负；

(3)对数的底大于零且不等于1，真数大于零；

(4)三角函数和反三角函数要符合其定义；

(5)如果函数的表达式由若干项组合而成，则它的定义域是各项定义域的公共部分；

(6)对于由实际问题确定的函数，要由问题的实际意义确定函数的定义域.

【例6】 讨论 $y=\dfrac{x^2-2x}{x}$ 与 $y=x-2$ 是否为同一函数.

解　由 $y=\dfrac{x^2-2x}{x}$ 的定义域是满足 $x\neq 0$ 的一切实数，即 $(-\infty,0)\bigcup(0,+\infty)$，而 $y=x-2$ 的定义域是一切实数，即 $(-\infty,+\infty)$.

由于函数 $y=\dfrac{x^2-2x}{x}$ 与函数 $y=x-2$ 的定义域不同，故函数 $y=\dfrac{x^2-2x}{x}$ 与函数 $y=x-2$ 表示的不是同一函数.

4.函数的几种特征

(1)函数的有界性

设函数 $f(x)$ 在区间 I 上有定义，如果存在正数 M，使得对于一切 $x\in I$ 都有 $|f(x)|\leqslant M$，则称函数 $f(x)$ 在区间 I 上有界，否则称 $f(x)$ 在 I 上无界.

函数 $f(x)$ 在 I 上有界，则当 $x\in I$ 时，曲线 $y=f(x)$ 必介于两条平行线 $y=M$ 与 $y=-M$ 之间，如图 3-5 所示.

例如，函数 $y=\sin x$，由于在其定义域内有 $|\sin x|\leqslant 1$，所以 $y=\sin x$ 在其定义域 $(-\infty,+\infty)$ 内必有界.

应当注意的是，函数的有界性与其要讨论的定义

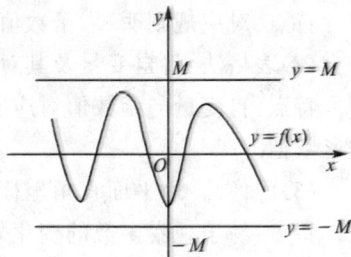

图 3-5

区间有关，例如，$y=\dfrac{1}{x}$ 在区间 $(0,1)$ 内是无界的，但在 $(1,2)$ 内是有界的.

(2)函数的单调性

设函数 $f(x)$ 在区间 I 上有定义，x_1 和 x_2 是 I 内任意两点，并且 $x_1<x_2$，则

①若 $f(x_1)<f(x_2)$，称函数 $f(x)$ 在 I 上单调增加；

②若 $f(x_1)>f(x_2)$，称函数 $f(x)$ 在 I 上单调减少.

单调增函数和单调减函数，通称为单调函数.

单调增加函数,其相应的图像随 x 的增大而上升;单调减少函数,其相应的图像随 x 的增大而下降.如图 3-6、图 3-7 所示.

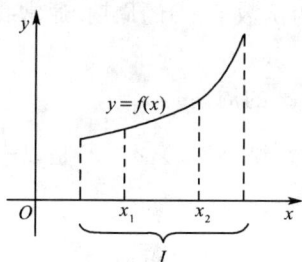
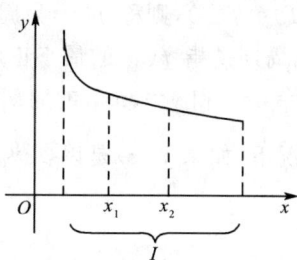

图 3-6   图 3-7

上述定义中,如果将 $f(x_1) < f(x_2)$ 和 $f(x_1) > f(x_2)$ 改为 $f(x_1) \leqslant f(x_2)$ 和 $f(x_1) \geqslant f(x_2)$,则称函数 $f(x)$ 在 I 上是单调不减和单调不增.单调不减函数和单调不增函数也称为单调函数.

有些函数在其定义域内不是单调函数,但在定义域的部分区间内具有单调性,这种使函数保持单调性的区间称为函数的单调区间.如图 3-8 所示,(a,b) 和 (c,d) 为单调减少区间,(b,c) 为单调增加区间.

例如,$y = x^2$ 在其定义域 $(-\infty, +\infty)$ 内不是单调函数,但在 $(-\infty, 0)$ 内是单调减少函数,在 $(0, +\infty)$ 内是单调增加函数.

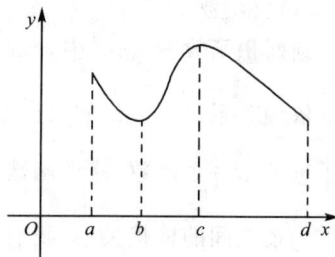

图 3-8

(3)函数的奇偶性

设函数 $f(x)$ 在关于原点对称的区间 D 内有定义,如果对于任意 $x \in D$,总有

①$f(-x) = f(x)$,则称函数 $f(x)$ 为偶函数;

②$f(-x) = -f(x)$,则称函数 $f(x)$ 为奇函数.

偶函数的图像关于 y 轴对称,奇函数的图像关于原点对称,如图 3-9、图 3-10 所示.

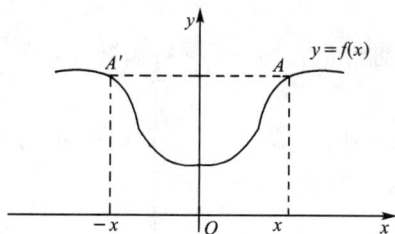
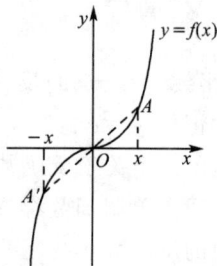

图 3-9   图 3-10

例如,$y = x^2$ 是 $(-\infty, +\infty)$ 内的偶函数;$y = \sin x$ 是 $(-\infty, +\infty)$ 内的奇函数;$y = 2^x$ 既不是奇函数也不是偶函数,称为非奇非偶函数.

对于奇函数 $f(x)$,如果在原点有定义,由 $f(-0) = -f(0)$,则必有 $f(0) = 0$.

（4）函数的周期性

设函数 $f(x)$ 的定义域为 D，如果存在一个正数 T，使得对于任意 $x \in D(x+T \in D)$，恒有 $f(x+T)=f(x)$，则称 $f(x)$ 为周期函数，称 T 为函数 $f(x)$ 的周期. 通常我们所说的函数 $f(x)$ 的周期是指 $f(x)$ 的最小正周期.

例如，$y=\sin x$ 和 $y=\cos x$ 的周期都是 2π；$y=\tan x$ 的周期是 π.

一般情况下，如果 $f(x)$ 是以 T 为周期的周期函数，则 $f(ax)(a>0)$ 是以 $\dfrac{T}{a}$ 为周期的周期函数.

例如，$f(x)=\sin x$ 的周期为 2π，则 $g(x)=\sin\left(\dfrac{1}{2}x+\dfrac{\pi}{3}\right)$ 的周期为 4π；如果 $f(x)$ 的周期为 4，则 $f(2x)$ 的周期为 2.

周期为 T 的周期函数的几何特征是其图像在任意两个长度为 T 的相邻区间有相同的形状.

5. 反函数与复合函数

（1）反函数

圆面积函数 $S=\pi r^2$ 中，r 是自变量，S 是因变量，从一个侧面反映了圆面积与半径之间的依赖关系；反过来，如果已知 S 要确定 r，从关系式 $S=\pi r^2$ 中可以解出 $r=\sqrt{\dfrac{S}{\pi}}$，这个式子也表示一个函数，这个函数中 S 是自变量，r 是因变量，它从另一个侧面反映了圆面积与半径之间的依赖关系，我们称 $r=\sqrt{\dfrac{S}{\pi}}$ 为 $S=\pi r^2$ 的反函数.

一般地，对于函数 $y=f(x)$，如果能够解出 $x=f^{-1}(y)$，即每取定 y 的一个值，都有唯一确定的 x 值与之对应，则称 $x=f^{-1}(y)$ 为 $y=f(x)$ 的反函数，并称 $y=f(x)$ 为直接函数.

事实上，由反函数的概念易知，$y=f(x)$ 和 $x=f^{-1}(y)$ 互为反函数.

由于函数的实质是对应法则，只要对应法则不变，自变量和因变量用什么字母表示并无关系，通常按习惯用 y 表示因变量，用 x 表示自变量，而将 $y=f(x)$ 的反函数记作 $y=f^{-1}(x)$.

例如，函数 $y=x-3$ 的反函数 $x=y+3$，通常记作 $y=x+3$；函数 $y=\sqrt[3]{x}$ 的反函数 $x=y^3$，通常记作 $y=x^3$.

下面给出几个关于反函数的结论，略去其证明.

①在区间上单调函数存在反函数，且直接函数也是其反函数的反函数；

②反函数 $y=f^{-1}(x)$ 的定义域和值域分别是直接函数 $y=f(x)$ 的值域和定义域；

③在同一直角坐标系中，反函数 $y=f^{-1}(x)$ 与其直接函数 $y=f(x)$ 的图像关于直线 $y=x$ 对称，如图 3-11 所示.

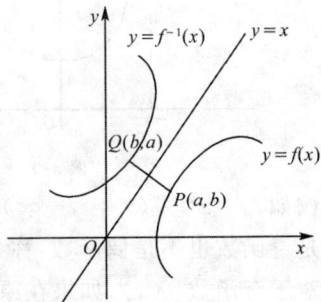

图 3-11

注意:反函数 $x=f^{-1}(y)$ 与直接函数 $y=f(x)$ 在同一直角坐标系中的图像重合,并不关于 $y=x$ 对称.

【例 7】　求函数 $y=2^x-1$ 的反函数,并确定反函数的定义域和值域.

解　由 $y=2^x-1$ 解出 $x=\log_2(y+1)$,变换 x,y 的位置,得函数 $y=2^x-1$ 的反函数为 $y=\log_2(x+1)$. 由于函数 $y=2^x-1$ 的定义域和值域分别为 $(-\infty,+\infty)$ 和 $(-1,+\infty)$,所以其反函数 $y=\log_2(x+1)$ 的定义域和值域分别为 $(-1,+\infty)$ 和 $(-\infty,+\infty)$.

【例 8】　求函数 $y=\dfrac{2x-5}{x-3}$ 的反函数.

解　由原式解出 x 得 $x=\dfrac{3y-5}{y-2}$,于是得所求反函数为 $y=\dfrac{3x-5}{x-2}$.

三角函数 $y=\sin x,y=\cos x,y=\tan x,y=\cot x$ 都是周期函数,当给定一个 y 值时,都会有无穷多个 x 值与之对应,所以我们无法根据 y 的值来唯一确定 x 的值,这时我们必须对 x 的取值范围加以限制,使得对于一个 y 的值,能唯一地确定一个 x 的值.

对于 $y=\sin x$,将 x 的取值范围限制在 $\left[-\dfrac{\pi}{2},\dfrac{\pi}{2}\right]$ 上,则 $y=\sin x$ 在 $\left[-\dfrac{\pi}{2},\dfrac{\pi}{2}\right]$ 上是单调递增的,x 和 y 是一一对应的,且 y 的取值范围是 $[-1,1]$. 这时,如果在 $[-1,1]$ 上任意给定一个 y 值,则在 $\left[-\dfrac{\pi}{2},\dfrac{\pi}{2}\right]$ 上有唯一一个 x 值与之对应,即由 y 可以唯一地确定 x,这样 $y=\sin x$ 在 $\left[-\dfrac{\pi}{2},\dfrac{\pi}{2}\right]$ 上就有反函数,这个反函数称为反正弦函数,记为 $x=\arcsin y$. 上式中交换 x 和 y 的位置,得反正弦函数为 $y=\arcsin x$. 由于 $y=\arcsin x$ 仅是 $y=\sin x$ 在 $\left[-\dfrac{\pi}{2},\dfrac{\pi}{2}\right]$ 上的反函数,所以也称为反正弦函数的主值,通常被称为反正弦函数,其定义域和值域分别为 $[-1,1]$ 和 $\left[-\dfrac{\pi}{2},\dfrac{\pi}{2}\right]$.

同理可得,反余弦函数 $y=\arccos x$,它是 $y=\cos x$ 在 $[0,\pi]$ 上的反函数,其定义域和值域分别为 $[-1,1]$ 和 $[0,\pi]$;反正切函数 $y=\arctan x$,它是 $y=\tan x$ 在 $\left(-\dfrac{\pi}{2},\dfrac{\pi}{2}\right)$ 上的反函数,其定义域和值域分别为 $(-\infty,+\infty)$ 和 $\left(-\dfrac{\pi}{2},\dfrac{\pi}{2}\right)$;反余切函数 $y=\text{arccot} x$,它是 $y=\cot x$ 在 $(0,\pi)$ 上的反函数,其定义域和值域分别为 $(-\infty,+\infty)$ 和 $(0,\pi)$.

(2)复合函数

先看一个例子,设函数 $y=u^2-1$ 和 $u=\sin x$,将后式代入前式,得到函数 $y=\sin^2 x-1$,我们称 $y=\sin^2 x-1$ 是由 $y=u^2-1$ 及 $u=\sin x$ 复合而成的复合函数.

定义 9　设函数 $y=f(u),u=\varphi(x)$,如果 $u=\varphi(x)$ 的值域全部或部分属于 $y=f(u)$ 的定义域,则 y 通过 u 是 x 的函数,这个函数称为由函数 $y=f(u)$ 及 $u=\varphi(x)$ 复合而成的复合函数,记为 $y=f[\varphi(x)]$,其中 u 称为中间变量,x 为自变量.

例如,由 $y=2^u$ 和 $u=\tan x$ 构成的复合函数为 $y=2^{\tan x}$,由 $y=u^2$ 和 $u=\dfrac{x-1}{x+1}$ 构成复合函数为 $y=\left(\dfrac{x-1}{x+1}\right)^2$;而 $y=\sqrt{1-x^2}$ 可以看作由 $y=\sqrt{u}$ 及 $u=1-x^2$ 复合而成的复合函

数等.

复合函数也可以由两个以上的有限个简单函数复合而成.例如,由函数 $y=\sin u$,$u=$ e^v 和 $v=\dfrac{x}{2}$,可以得到函数 $y=\sin e^{\frac{x}{2}}$,其中 u,v 均为中间变量.

注:不是任何几个函数都能够构成复合函数.例如,$y=\arcsin u$ 与 $u=x^2+2$ 就不能构成复合函数.因为 u 的值域为 $[2,+\infty)$ 与 $y=\arcsin u$ 的定义域 $[-1,1]$ 的交集为空集(没有公共部分),所以 $y=\arcsin(x^2+2)$ 毫无意义.

复合函数不是哪一种类型的函数,它只是函数之间的一种运算结果.

【例 9】 写出函数 $y=\log_2 u$,$u=1-v$,$v=e^x$ 构成的复合函数,并求其定义域.

解 所求复合函数为 $y=\log_2(1-e^x)$,由 $1-e^x>0$,得函数的定义域为 $(-\infty,0)$.

把一个比较复杂的复合函数,分解为几个较为简单的函数,在微积分中十分重要.

【例 10】 将下列函数分解为几个简单函数.

$$(1)\,y=(\arctan\sqrt{x})^3;\quad (2)\,y=\sqrt{\lg\left(1+\dfrac{1}{x}\right)}.$$

解 (1)可以分解为 $y=u^3$,$u=\arctan v$,$v=\sqrt{x}$;

(2)可以分解为 $y=\sqrt{u}$,$u=\lg v$,$v=1+\dfrac{1}{x}$.

注:函数 $\sin(-x)$,$\log_a\dfrac{1}{x}(a>0$ 且 $a\neq 1)$,$(-x)^3$ 等应看作是复合函数,但它们的等价形式 $-\sin x$,$-\log_a x(a>0$ 且 $a\neq 1)$,$-x^3$ 则不是复合函数.

3.1.4 初等函数

1.基本初等函数

在高等数学研究函数中,基本初等函数有着重要的位置.常值函数、幂函数、指数函数、对数函数、三角函数、反三角函数这六类函数称为基本初等函数.

(1)常值函数

函数 $y=C$(C 为常数)称为常值函数.

常值函数的定义域为 $(-\infty,+\infty)$,其图像是一条与 x 轴平行的直线,如图 3-12 所示.当 $C>0$ 时,直线在 x 轴上方;当 $C<0$ 时,直线在 x 轴下方.

(2)幂函数

函数 $y=x^\mu$(μ 是任意实数)称为幂函数.

幂函数的定义域和值域随 μ 的不同而不同,但不管 μ 取何值,幂函数在 $(0,+\infty)$ 内总有定义.

常见的几个重要幂函数为:$y=x$,$y=x^2$,$y=x^3$,

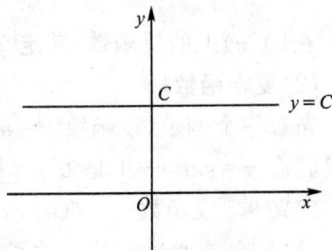

图 3-12

$y=\sqrt{x}$,$y=\dfrac{1}{x}$ 等,它们的定义域不完全相同,但它们的图像都通过点 $(1,1)$,其图像如图 3-13 所示.

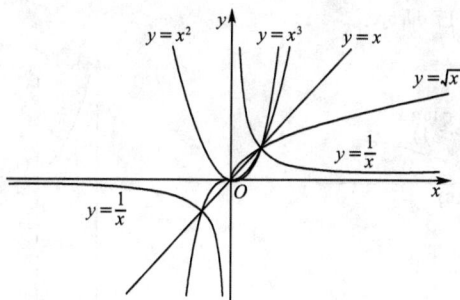

图 3-13

(3)指数函数

函数 $y = a^x (a > 0$ 且 $a \neq 1)$ 称为指数函数.

指数函数的定义域为 $(-\infty, +\infty)$，值域为 $(0, +\infty)$，其图像都通过点 $(0, 1)$，且位于 x 轴上方.

当 $a > 1$ 时，$y = a^x$ 在 $(-\infty, +\infty)$ 内单调增加；当 $0 < a < 1$ 时，$y = a^x$ 在 $(-\infty, +\infty)$ 内单调减少. 图像如图 3-14、图 3-15 所示.

当 $a = e$ 时，$y = e^x$ 为常见的指数函数，其中 $e \approx 2.718\,28$，是一个常数.

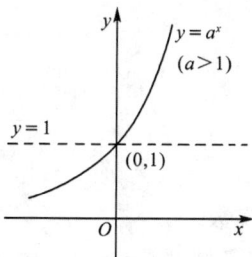

图 3-14

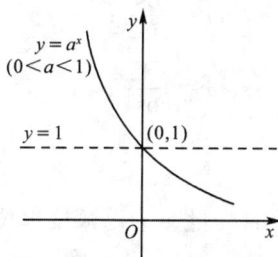

图 3-15

(4)对数函数

首先给出对数的一些性质：

① $\log_a MN = \log_a M + \log_a N$；

② $\log_a \dfrac{M}{N} = \log_a M - \log_a N$；

③ $\log_a M^N = N \log_a M$；

④ $\log_a \sqrt[N]{M} = \dfrac{1}{N} \log_a M$；

⑤ $a^{\log_a M} = M$；

⑥ $\log_a M = \dfrac{\log_b M}{\log_b a}$（换底公式）.

（以上 $M > 0, N > 0, a > 0$ 且 $a \neq 1, b > 0$ 且 $b \neq 1$）

函数 $y = \log_a x (a > 0$ 且 $a \neq 1)$ 称为对数函数，它是指数函数 $y = a^x$ 的反函数，其定义域为 $(0, +\infty)$，值域为 $(-\infty, +\infty)$，其图像都通过点 $(1, 0)$，且位于 x 轴的右方.

当 $a > 1$ 时，函数在 $(0, +\infty)$ 内单调增加；当 $0 < a < 1$ 时，函数在 $(0, +\infty)$ 内单调减

少.图像如图 3-16、图 3-17 所示.

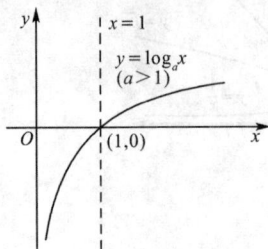

图 3-16

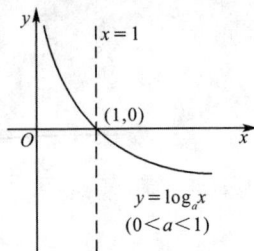

图 3-17

当 $a=e$ 时,$y=\log_e x$ 记为 $y=\ln x$,称为自然对数,它是 $y=e^x$ 的反函数.$y=\ln x$ 也是高等数学中常见的函数.

(5)三角函数

正弦函数:$y=\sin x$;

余弦函数:$y=\cos x$;

正切函数:$y=\tan x=\dfrac{\sin x}{\cos x}$;

余切函数:$y=\cot x=\dfrac{\cos x}{\sin x}$;

正割函数:$y=\sec x=\dfrac{1}{\cos x}$;

余割函数:$y=\csc x=\dfrac{1}{\sin x}$.

三角函数中,自变量 x 为以弧度单位表示的实数.

正弦函数 $y=\sin x$ 和余弦函数 $y=\cos x$ 的定义域都是 $(-\infty,+\infty)$,都是有界函数,值域均为 $[-1,1]$,并且都是以 2π 为周期的周期函数;$y=\sin x$ 为奇函数,$y=\cos x$ 为偶函数.图像如图 3-18、图 3-19 所示.

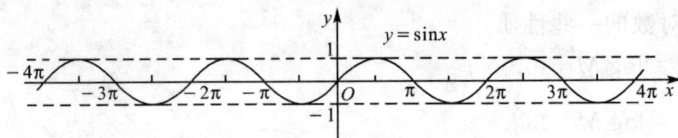

图 3-18

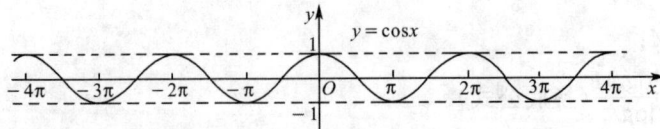

图 3-19

正切函数 $y=\tan x$ 的定义域是 $x\neq kx+\dfrac{\pi}{2}(k\in \mathbf{Z})$,余切函数 $y=\cot x$ 的定义域是

$x \neq k\pi (k \in \mathbf{Z})$，它们都是奇函数，都是以 π 为周期的周期函数，图像如图 3-20、图 3-21 所示.

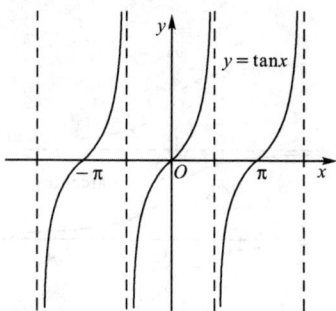

图 3-20

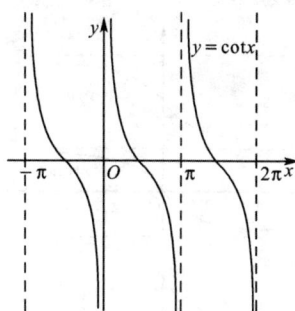

图 3-21

（6）反三角函数

反正弦函数：$y = \arcsin x$；

反余弦函数：$y = \arccos x$；

反正切函数：$y = \arctan x$；

反余切函数：$y = \operatorname{arccot} x$.

$y = \arcsin x$ 的定义域是 $[-1,1]$，值域是 $\left[-\dfrac{\pi}{2}, \dfrac{\pi}{2}\right]$，它在 $[-1,1]$ 上是单调增加的，也是有界的，即 $|\arcsin x| \leqslant \dfrac{\pi}{2}$，图像如图 3-22 所示.

$y = \arcsin x$ 表示在 $\left[-\dfrac{\pi}{2}, \dfrac{\pi}{2}\right]$ 上正弦值为 x 的角. 例如，$\arcsin 0 = 0$，$\arcsin \dfrac{1}{2} = \dfrac{\pi}{6}$，$\arcsin 1 = \dfrac{\pi}{2}$ 等.

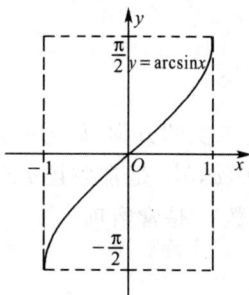

图 3-22

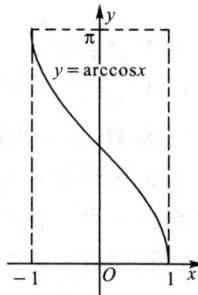

图 3-23

$y = \arccos x$ 的定义域是 $[-1,1]$，值域是 $[0,\pi]$，它在 $[-1,1]$ 上是单调减少的，也是有界的，即 $0 \leqslant \arccos x \leqslant \pi$，图像如图 3-23 所示.

$y = \arccos x$ 表示在 $[0,\pi]$ 上余弦值为 x 的角. 例如，$\arccos 0 = \dfrac{\pi}{2}$，$\arccos \dfrac{1}{2} = \dfrac{2}{3}\pi$，$\arccos 1 = 0$ 等.

$y = \arctan x$ 的定义域和值域分别为 $(-\infty, +\infty)$ 和 $\left(-\dfrac{\pi}{2}, \dfrac{\pi}{2}\right)$，它在 $(-\infty, +\infty)$ 内是单调增加且有界的，图像如图 3-24 所示.

$y=\text{arccot}x$ 的定义域和值域分别为 $(-\infty,+\infty)$ 和 $(0,\pi)$,它在 $(-\infty,+\infty)$ 内是单调减少且有界的,图像如图 3-25 所示.

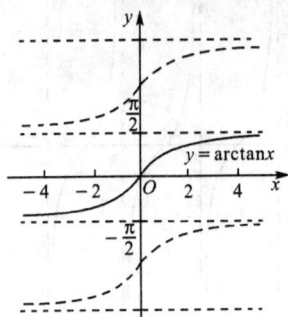
图 3-24

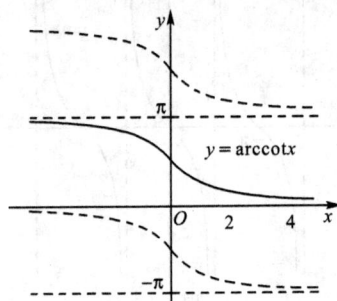
图 3-25

$y=\text{arctan}x$ 和 $y=\text{arccot}x$ 分别表示在 $\left(-\dfrac{\pi}{2},\dfrac{\pi}{2}\right)$ 和 $(0,\pi)$ 内的角. 例如,$\text{arctan}0=0$,

$\text{arctan}1=\dfrac{\pi}{4}$,$\text{arccot}1=\dfrac{\pi}{4}$ 等.

2. 初等函数

由基本初等函数经过有限次四则运算和有限次复合步骤所构成并且可以用一个解析式表示的函数,称为初等函数. 例如,$y=\sqrt{1-x^2}$,$y=(\sqrt{x}+2\sin x)^2$,$f(x)=2x-e^{2x}$,

$g(x)=\dfrac{\ln(x+\sqrt{1+x^2})}{x^2-1}$ 等都是初等函数.

初等函数是高等数学研究的主要对象.

3.1.5　一元二次方程及一元二次不等式

1. 一元二次方程及其解法

(1)一元二次方程及相关概念

①只含有一个未知数,且未知数的最高次数是二次的方程,称为一元二次方程.

②一元二次方程的一般形式是 $ax^2+bx+c=0(a,b,c$ 是常数且 $a\neq 0)$,其中 ax^2 是二次项,a 是二次项系数;bx 是一次项,b 是一次项系数;c 是常数项.

(2)一元二次方程的解法

①直接开方法

形如 $x^2=p$ 或 $(mx+n)^2=p(p\geqslant 0)$ 的一元二次方程,用开平方法将方程降次转化为两个一元一次方程.

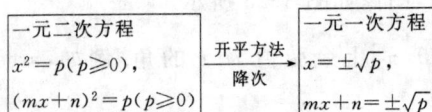

②配方法

通过配方,将一元二次方程的一边化为完全平方式,另一边化为非负数,然后利用开平方的方法求出一元二次方程的根,这种方法称为解一元二次方程的配方法.

$$ax^2+bx+c=0 \xrightarrow{\text{配方}} \left(x+\frac{b}{2a}\right)^2=\frac{b^2-4ac}{4a^2} \xrightarrow{\text{开平方}} x=\frac{-b\pm\sqrt{b^2-4ac}}{2a}$$

注：上式中 $a\neq0$，且只有在 $b^2-4ac\geqslant0$ 时，$\frac{b^2-4ac}{4a^2}$ 才有平方根.

（3）公式法

一般地，对于一元二次方程 $ax^2+bx+c=0(a\neq0)$，当 $b^2-4ac\geqslant0$ 时，它的根是 $x=\frac{-b\pm\sqrt{b^2-4ac}}{2a}$，这个式子称为一元二次方程的求根公式.

对于任何一个一元二次方程，把它化为 $ax^2+bx+c=0(a\neq0)$ 的一般形式后，只要 $b^2-4ac\geqslant0$，就可以用求根公式求得这个方程的实根，这种解一元二次方程的方法称为公式法.

（4）因式分解法

我们知道，$a\cdot b=0$ 时，一定有 $a=0$ 或 $b=0$. 像这样，把一元二次方程的一边化为 0，另一边分解成两个一次因式的乘积，进而转化为求两个一元一次方程的解，这种解一元二次方程的方法称为因式分解法.

【例 11】　选择合适的方法解下列方程.

(1) $2x^2-5x+2=0$；

(2) $(1-x)\cdot(x+4)=(x-1)(1-2x)$；

(3) $3(x-2)^2=x^2-2x$.

分析　(1)题用公式法；(2)题中找到 $(1-x)$ 与 $(x-1)$ 的关系，用因式分解法；(3)题中 $x^2-2x=x(x-2)$，用因式分解法.

解　(1) $a=2$，$b=-5$，$c=2$，故

$$b^2-4ac=(-5)^2-4\times2\times2=9>0,$$

$$x=\frac{-b\pm\sqrt{b^2-4ac}}{2a}=\frac{5\pm3}{4},$$

$$x_1=\frac{1}{2},x_2=2.$$

(2)原方程化为

$$(1-x)\cdot(x+4)+(1-x)(1-2x)=0,$$

因式分解，得

$$(1-x)\cdot(5-x)=0,$$

即

$$(x-1)(x-5)=0,$$

$$x-1=0 \text{ 或 } x-5=0,$$

$$x_1=1,x_2=5.$$

(3)原方程变形为

$$3(x-2)^2-x(x-2)=0,$$

因式分解，得

$$(x-2)(2x-6)=0,$$

$$x-2=0 \text{ 或 } 2x-6=0,$$
$$x_1=2, x_2=3.$$

评析 解一元二次方程的几种方法中,如果不能用直接开方法解,首先考虑的方法通常是因式分解法,对于不易分解的应考虑公式法,而配方法比较麻烦.公式法、配方法一般可以解所有一元二次方程.

2. 一元二次不等式及其解法

下面研究一元二次不等式 $ax^2+bx+c>0$ 或 $ax^2+bx+c<0(a\neq0)$ 的解集:

设相应的一元二次方程 $ax^2+bx+c=0(a\neq0)$ 的两实根为 x_1,x_2 且 $x_1\leqslant x_2,\Delta=b^2-4ac$,则不等式的解的各种情况如下表:

	$\Delta>0$	$\Delta=0$	$\Delta<0$
二次函数 $y=ax^2+bx+c$ $(a>0)$ 的图像			
一元二次方程 $ax^2+bx+c=0$ $(a>0)$ 的根	有两相异实根 $x_1,x_2(x_1<x_2)$	有两相等实根 $x_1=x_2=-\dfrac{b}{2a}$	无实根
$ax^2+bx+c>0$ $(a>0)$ 的解集	$\{x\mid x<x_1 \text{ 或 } x>x_2\}$	$\left\{x \mid x\neq-\dfrac{b}{2a}\right\}$	**R**
$ax^2+bx+c<0$ $(a>0)$ 的解集	$\{x\mid x_1<x<x_2\}$	$\varnothing$	$\varnothing$

$a<0$ 的情形可以利用不等式的性质转化为 $a>0$ 的情形求解.

【例 12】 求不等式 $4x^2-4x+1>0$ 的解集.

解 因为 $\Delta=0$,方程 $4x^2-4x+1=0$ 的解是 $x_1=x_2=\dfrac{1}{2}$,所以原不等式的解集是 $\left\{x \mid x\neq\dfrac{1}{2}\right\}$.

【例 13】 解不等式 $-x^2+2x-3>0$.

解 整理,得 $x^2-2x+3<0$.因为 $\Delta<0$,方程 $x^2-2x+3=0$ 无实数解,所以不等式 $x^2-2x+3<0$ 的解集是 $\varnothing$,从而原不等式的解集是 $\varnothing$.

解一元二次不等式的步骤:

(1)将二次项系数化为"正":$A=ax^2+bx+c>0$(或<0)$(a>0)$;

(2)计算判别式 Δ,分析不等式的解的情况:

①$\Delta>0$ 时,求根 $x_1<x_2$,故 $\begin{cases}\text{若 } A>0,\text{则 } x<x_1 \text{ 或 } x>x_2;\\\text{若 } A<0,\text{则 } x_1<x<x_2.\end{cases}$

②$\Delta=0$ 时，求根 $x_1=x_2=x_0$，故 $\begin{cases}若 A>0，则 x\in\mathbf{R} 且 x\neq x_0;\\若 A<0，则 x\in\varnothing;\\若 A=0，则 x=x_0.\end{cases}$

③$\Delta<0$ 时，无实根，故 $\begin{cases}若 A>0，则 x\in\mathbf{R};\\若 A\leqslant 0，则 x\in\varnothing.\end{cases}$

(3)写出解集.

3.1.6　排列、组合及二项式定理

1. 排列

(1)排列的定义

从 n 个不同元素中，任取 $m(m\leqslant n)$ 个元素（这里的被取元素各不相同），按照一定的顺序排成一列，称为从 n 个不同元素中取出 m 个元素的一个排列.

说明：①排列的定义包括两个方面：a. 取出元素；b. 按一定的顺序排列.

②两个排列相同的条件：a. 元素完全相同；b. 元素的排列顺序也相同.

(2)排列数的定义

从 n 个不同元素中，任取 $m(m\leqslant n)$ 个元素的所有排列的个数叫作从 n 个元素中取出 m 个元素的排列数，用符号 A_n^m 表示.

注：区别排列和排列数的不同：“一个排列”是指从 n 个不同元素中，任取 m 个元素按照一定的顺序排成一列，不是数；“排列数”是指从 n 个不同元素中，任取 $m(m\leqslant n)$ 个元素的所有排列的个数，是一个数. 所以符号 A_n^m 只表示排列数，而不表示具体的排列.

(3)排列数公式及其推导

由 A_n^2 的意义，如图 3-26 所示，假定有排好顺序的 2 个空位，从 n 个元素 $a_1,a_2,\cdots,a_n$ 中任取 2 个元素去填空，一个空位填一个元素，每一种填法就得到一个排列；反过来，任一个排列总可以由这样的一种填法得到. 因此，所有不同的填法的种数就是排列数 A_n^2. 由分步计数原理完成上述填空共有 $n(n-1)$ 种填法，所以 $A_n^2=n(n-1)$.

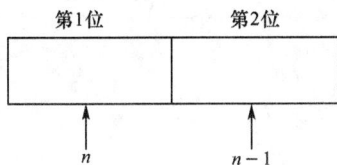

图 3-26

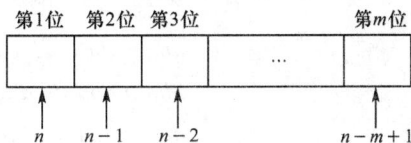

图 3-27

由此，求 A_n^3 可以按依次填 3 个空位来考虑，所以 $A_n^3=n(n-1)(n-2)$. 求 A_n^m 可以按依次填 m 个空位来考虑，如图 3-27 所示，$A_n^m=n(n-1)(n-2)\cdots(n-m+1)$，得排列数公式如下：

$$A_n^m=n(n-1)(n-2)\cdots(n-m+1)\quad(m,n\in\mathbf{N}^*,m\leqslant n).$$

说明：①公式特征：第一个因数是 n，后面每一个因数比它前面一个因数少 1，最后一个因数是 $n-m+1$，共有 m 个因数；

②全排列:当 $n=m$ 时,即 n 个不同元素全部取出的一个排列,全排列数公式如下:

$$A_n^n = n(n-1)(n-2)\cdots 2 \cdot 1 \quad (\text{叫作 } n \text{ 的阶乘}).$$

(4)阶乘的定义

n 个不同元素全部取出的一个排列,叫作 n 个不同元素的一个全排列,这时 $A_n^n = n(n-1)(n-2)\cdots 3 \cdot 2 \cdot 1$. 把正整数 1 到 n 的连乘积,称为 n 的阶乘,可表示为 $n!$,即 $A_n^n = n!$. 规定 $0! = 1$.

(5)排列数的另一个计算公式:

$$A_n^m = n(n-1)(n-2)\cdots(n-m+1)$$

$$= \frac{n(n-1)(n-2)\cdots(n-m+1)(n-m)\cdots 3 \cdot 2 \cdot 1}{(n-m)(n-m-1)\cdots 3 \cdot 2 \cdot 1}$$

$$= \frac{n!}{(n-m)!},$$

即

$$A_n^m = \frac{n!}{(n-m)!}.$$

2. 组合

(1)组合的定义

一般地,从 n 个不同元素中取出 $m(m \leqslant n)$ 个元素组成一组,称为从 n 个不同元素中取出 m 个元素的一个组合.

说明:①不同元素;②"只取不排"——无序性;③相同组合:元素相同.

(2)组合数的定义

从 n 个不同元素中取出 $m(m \leqslant n)$ 个元素的所有组合的个数,叫作从 n 个不同元素中取出 m 个元素的组合数,用符号 C_n^m 表示.

(3)组合数公式的推导

①从 4 个不同元素 a,b,c,d 中取出 3 个元素的组合数 C_4^3 是多少呢?

启发:由于排列是先组合再排列,而从 4 个不同元素中取出 3 个元素的排列数 A_4^3 可以求得,故我们可以考察一下 C_4^3 和 A_4^3 的关系,如下:

$$\begin{array}{ll} \text{组合} & \text{排列} \\ abc \rightarrow & abc, bac, cab, acb, bca, cba \\ abd \rightarrow & abd, bad, dab, adb, bda, dba \\ acd \rightarrow & acd, cad, dac, adc, cda, dca \\ bcd \rightarrow & bcd, cbd, dbc, bdc, cdb, dcb \end{array}$$

由此可知,每一个组合都对应着 6 个不同的排列. 因此,求从 4 个不同元素中取出 3 个元素的排列数 A_4^3,可以分如下两步:a. 考虑从 4 个不同元素中取出 3 个元素的组合,共有 C_4^3 个;b. 对每一个组合的 3 个元素进行全排列,各有 A_3^3 种方法. 由分步计数原理得:$A_4^3 = C_4^3 \cdot A_3^3$,所以 $C_4^3 = \dfrac{A_4^3}{A_3^3}$.

②推广:一般地,求从 n 个不同元素中取出 m 个元素的排列数 A_n^m,可以分如下两步:

a. 先求从 n 个不同元素中取出 m 个元素的组合数 C_n^m;

b. 求每一个组合中 m 个元素的全排列数 A_m^m，根据分步计数原理得：$A_n^m = C_n^m \cdot A_m^m$.

③组合数的公式：

$$C_n^m = \frac{A_n^m}{A_m^m} = \frac{n(n-1)(n-2)\cdots(n-m+1)}{m!},$$

或

$$C_n^m = \frac{n!}{m!\ (n-m)!} \quad (n, m \in \mathbf{N}^*, \text{且 } m \leqslant n).$$

规定：$C_n^0 = 1$.

3. 二项式定理

（1）二项式定理及其特例

① $(a+b)^n = C_n^0 a^n + C_n^1 a^{n-1} b + \cdots + C_n^r a^{n-r} b^r + \cdots + C_n^n b^n \quad (n \in \mathbf{N}^*)$；

② $(1+x)^n = 1 + C_n^1 x + \cdots + C_n^r x^r + \cdots + x^n$.

（2）二项展开式的通项公式：$T_{r+1} = C_n^r a^{n-r} b^r$.

（3）二项式系数表（杨辉三角）

$(a+b)^n$ 展开式的二项式系数，当 n 依次取 $1, 2,$ $3, \cdots$ 时，二项式系数表中每行两端都是 1，除 1 以外的每一个数都等于它肩上两个数的和. 如图 3-28 所示.

（4）二项式系数的性质

$(a+b)^n$ 展开式的二项式系数是 $C_n^0, C_n^1, C_n^2, \cdots,$ C_n^n. C_n^r 可以看成以 r 为自变量的函数 $f(r)$，定义域是 $\{0, 1, 2, \cdots, n\}$. 例如，当 $n=6$ 时，其图像是 7 个孤立的点.

①对称性. 与首末两端"等距离"的两个二项式系数相等（因为 $C_n^m = C_n^{n-m}$）.

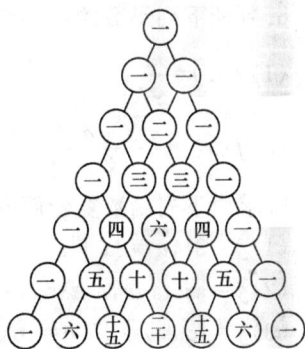

图 3-28

直线 $r = \dfrac{n}{2}$ 是图像的对称轴.

②增减性与最大值. 当 n 是偶数时，中间一项 $C_n^{\frac{n}{2}}$ 取得最大值；当 n 是奇数时，中间两项 $C_n^{\frac{n-1}{2}}, C_n^{\frac{n+1}{2}}$ 取得最大值.

③各二项式系数和.

因为 $(1+x)^n = 1 + C_n^1 x + \cdots + C_n^r x^r + \cdots + x^n$，令 $x=1$，则 $2^n = C_n^0 + C_n^1 + C_n^2 + \cdots + C_n^r + \cdots + C_n^n$.

习题 3-1

1. 用适当的符号（$\in, \notin, =, \subseteq$ 或 $\supseteq$）填空.

（1）π ＿＿＿＿＿ $\mathbf{Q}$；　（2）$\{3.14\}$ ＿＿＿＿＿ $\mathbf{Q}$；　（3）$\mathbf{R}_- \bigcup \mathbf{R}_+$ ＿＿＿＿＿ $\mathbf{R}$；

（4）$\{x \mid x = 2k+1, k \in \mathbf{Z}\}$ ＿＿＿＿＿ $\{x \mid x = 2k-1, k \in \mathbf{Z}\}$.

2. 设全集 $U = \{1, 2, 3, 4, 5, 6, 7, 8\}$，$A = \{3, 4, 5\}$，$B = \{4, 7, 8\}$，求 $A \bigcap B$，$A \bigcap B$，$\complement_U(A \bigcap B)$，$\complement_U(A \bigcup B)$，$\complement_U A \bigcap \complement_U B$，$\complement_U A \bigcup \complement_U B$.

3.化去下列各式的绝对值符号.

(1)$|x-3|$;　　(2)$|3x-1|$;　　(3)$|3x+2|+1$;　　(4)$1-|3-x|$.

4.用不等式表示下列区间.

(1)$[-1,0)$;　　(2)$[-3,3]$;　　(3)$[2,+\infty)$;　　(4)点-2的0.001邻域.

5.下列各题中,$f(x)$和$g(x)$是否表示同一函数? 说明理由.

(1)$f(x)=\sqrt{x^2}$,$g(x)=x$;

(2)$f(x)=\lg x^2$,$g(x)=2\lg x$.

6.求下列函数的定义域.

(1)$f(x)=\sqrt{x^2-9}$;　　　　　　　(2)$f(x)=\dfrac{1}{x}\sqrt{\dfrac{1-x}{1+x}}$;

(3)$f(x)=\dfrac{\lg(3-x)}{\sqrt{|x|-1}}$;　　　　　　(4)$f(x)=\dfrac{1}{\lg(x-1)}+2\sin x$.

7.设$f(x)=\dfrac{x}{1-x}$,求$f[f(x)]$和$f\{f[f(x)]\}$.

8.判断下列函数的奇偶性.

(1)$f(x)=\dfrac{1}{x^2}$;　　　　　　　　(2)$f(x)=x\mathrm{e}^x$;

(3)$f(x)=\dfrac{a^2x+a^{-x}}{2}$;　　　　　　(4)$f(x)=x^3+\sin x$.

9.求由下列函数复合而成的复合函数.

(1)$y=3^u$,$u=2x+1$;

(2)$y=\arctan u$,$u=v^2$,$v=x^2+1$;

(3)$y=\ln u$,$u=2^v$,$v=\cos x$;

(4)$y=\arctan u$,$u=\sin v$,$v=\mathrm{e}^w$,$w=x^2+1$.

10.将下列复合函数分解为几个简单函数.

(1)$y=2^{\cos 2x}$;　　　　　　　　(2)$y=\cos^3(3x+1)$;

(3)$y=\lg\sin(2x+1)$;　　　　　　(4)$y=\mathrm{e}^{-\sin x^2}$.

11.求下列函数的反函数.

(1)$y=\dfrac{2x-1}{x-3}$;　　(2)$y=1-3^x$;　　(3)$y=1+\lg(x+2)$.

12.指出下列函数的定义域和值域.

(1)$y=\arcsin x$;　　　　　　　　(2)$y=\arctan x$;

(3)$y=\lg x$;　　　　　　　　　(4)$y=2^x$.

13.作出下列函数的图像.

(1)$y=\dfrac{1}{x}$;　　　　　　　　(2)$y=\mathrm{e}^x$;

(3)$y=\ln x$;　　　　　　　　　(4)$y=\sqrt{x}$.

14.解下列一元二次方程.

(1)$4x^2-4x-15=0$;　　　　　　(2)$13-4x^2=0$;

(3)$x^2-3x-10=0$;　　　　　　(4)$x(9-x)=0$.

15.求下列不等式的解集.

(1)$3x^2-7x\leqslant10$;　　　　　　(2)$-2x^2+x-5<0$;

(3)$-x^2+4x-4<0$;　　　　　　(4)$-2x^2+x<-3$.

16.求下列排列数的值.

(1)A_{15}^4;　　　　(2)A_7^7;　　　　(3)$A_8^4-2A_8^2$;　　　　(4)$\dfrac{A_{12}^8}{A_{12}^7}$.

17.求下列组合数的值.

(1)C_6^2;　　　　(2)C_8^3;　　　　(3)$C_7^3-C_6^2$;　　　　(4)$3C_8^3-2C_5^2$.

18.(1)求$(1+2x)^7$的展开式中第四项的系数.

(2)求$\left(x-\dfrac{1}{x}\right)^9$的展开式中$x^3$的系数.

3.2　极　限

3.2.1　极限的定义

极限的定义是在解决实际问题的过程中产生和形成的.例如,我国古代数学家刘徽(公元3世纪)利用圆内接正多边形来推算圆面积的方法——割圆术,就是极限思想在几何学上的应用.

设有一圆,先作它的内接正六边形,其面积记为S_1;再作内接正十二边形,其面积为S_2;再作内接正二十四边形,其面积记为S_3;照此下去,得到一系列圆的内接正多边形的面积:

$$S_1,S_2,S_3,S_4,\cdots,S_n,\cdots$$

这些面积构成一个数列,n越大,S_n就越接近于圆的面积S.但是无论n取多么大,S_n始终是多边形的面积,而不是圆的面积.设想n无限增大,即内接正多边形的边数无限增加,在这个过程中,内接正多边形将无限接近于圆,同时S_n也无限接近于某一确定的数值,这个确定的数值就可理解为圆的面积S.在数学上,我们称这个确定的数值S为数列S_1,$S_2,S_3,S_4,\cdots,S_n,\cdots$当$n$无限增大时的极限,也说这个数列的极限是$S$.在圆面积问题中我们看到,正是这个数列的极限才精确地表达了圆的面积.

我们再来观察下面的几个数列:

(1)$1,\dfrac{1}{2},\dfrac{1}{3},\cdots,\dfrac{1}{n},\cdots$;

(2)$\dfrac{1}{2},\dfrac{1}{4},\dfrac{1}{8},\cdots,\dfrac{1}{2^n},\cdots$;

(3)$\dfrac{1}{2},\dfrac{2}{3},\dfrac{3}{4},\cdots,\dfrac{n}{n+1},\cdots$;

(4)$1,\sqrt{2},\sqrt{3},\cdots,\sqrt{n},\cdots$;

(5)$1,-1,1,\cdots,(-1)^{n-1},\cdots$.

通过观察上面所列举的数列可以看出,随着 n 的增大,有的数列逐渐减小,有的数列逐渐增大,有的数列时增时减.其中有的数列虽然逐渐减小或增大,但不是无限地减少或增大,而是 x_n 无限趋近于一个常数;有的数列 x_n 则无限地增大或振荡不定.

3.2.2 数列的极限

定义 1 对于数列 $\{x_n\}$,如果当 n 取正整数且无限增大(即 $n \to \infty$)时,数列的一般项 x_n 都能无限地趋近于某一个常数 A,则称常数 A 为数列 $\{x_n\}$ 的极限,也称数列 $\{x_n\}$ 收敛于 A,记为

$$\lim_{n \to \infty} x_n = A \text{ 或 } x_n \to A(n \to \infty).$$

如果这样的常数不存在,就称数列 $\{x_n\}$ 没有极限,或称数列是发散的.

常数数列的极限就是这个常数本身.

3.2.3 函数的极限

实际中除了要解决数列的极限外,还常常要解决函数在自变量的某个变化过程中,对应的函数值是否趋于某个常数的问题.

根据自变量的不同变化趋势,下面分别讨论自变量趋于无穷大时函数的极限,以及自变量趋于有限值时函数的极限.

1. 自变量趋于无穷大时函数的极限

自变量 x 趋于无穷大有以下三种情形:x 趋于正无穷大,记为 $x \to +\infty$;x 趋于负无穷大,记为 $x \to -\infty$;x 趋于无穷大,记为 $x \to \infty$,表示 $|x|$ 无限增大.我们重点介绍 $x \to \infty$ 时的极限,$x \to +\infty$ 和 $x \to -\infty$ 时函数的极限可以类似地定义.

【例 1】 考察函数 $y = \dfrac{1}{x}$ 当 $x \to \infty$ 时的变化趋势.

解 当 $x > 0$ 且无限增大时,$\dfrac{1}{x}$ 无限变小且趋近于 0;当 $x < 0$ 且 $|x|$ 无限增大时,$\dfrac{1}{x}$ 也无限趋近于 0.因此,我们说,当 $x \to \infty$ 时,函数 $y = \dfrac{1}{x}$ 的极限为 0.

定义 2 如果当 $|x|$ 无限增大时,函数 $f(x)$ 无限地趋近于一个确定的常数 A,则称常数 A 为函数 $f(x)$ 当 $x \to \infty$ 时的极限,记为

$$\lim_{x \to \infty} f(x) = A \text{ 或 } f(x) \to A(x \to \infty).$$

在定义 2 中,将 $x \to \infty$ 改为 $x \to +\infty$ 和 $x \to -\infty$,类似地可以得到 $x \to +\infty$ 和 $x \to -\infty$ 时函数的极限为常数 A,分别记为

$$\lim_{x \to +\infty} f(x) = A \text{ 或 } f(x) \to A(x \to +\infty)$$

和

$$\lim_{x \to -\infty} f(x) = A \text{ 或 } f(x) \to A(x \to -\infty).$$

【例 2】 讨论下列函数当 $x \to \infty$ 时的极限.

(1) $y = 1 + \dfrac{1}{x^2}$;   (2) $y = 2^x$.

解　(1)当 $x \to +\infty$ 时，$y=1+\dfrac{1}{x^2} \to 1$；当 $x \to -\infty$ 时，$y=1+\dfrac{1}{x^2} \to 1$.

因此，当 $|x|$ 无限增大时，函数 $y=1+\dfrac{1}{x^2}$ 无限地接近于常数 1，即

$$\lim_{x \to \infty}\left(1+\frac{1}{x^2}\right)=1.$$

(2)当 $x \to +\infty$ 时，$y=2^x \to +\infty$；当 $x \to -\infty$ 时，$y=2^x \to 0$. 因此，当 $|x|$ 无限增大时，函数 $y=2^x$ 不可能无限地趋近于某一个常数，即 $\lim\limits_{x \to \infty}2^x$ 不存在.

结论：当且仅当 $\lim\limits_{x \to +\infty}f(x)$ 和 $\lim\limits_{x \to -\infty}f(x)$ 都存在并且都等于 A 时，$\lim\limits_{x \to \infty}f(x)$ 存在且为 A，即

$$\lim_{x \to \infty}f(x)=A \Leftrightarrow \lim_{x \to +\infty}f(x)=\lim_{x \to -\infty}f(x)=A.$$

2. 自变量趋于有限值时函数的极限

自变量 x 趋于一点 x_0 有以下三种情形：x 从 x_0 的右侧趋于 x_0，记为 $x \to x_0^+$；x 从 x_0 的左侧趋于 x_0，记为 $x \to x_0^-$；x 从 x_0 的两侧同时趋于 x_0，记为 $x \to x_0$. 我们重点介绍 $x \to x_0$ 时的极限，$x \to x_0^+$ 和 $x \to x_0^-$ 时函数的极限可以类似地定义.

【例 3】　考察函数 $y=x+1$ 当 $x \to 2$ 时的变化趋势.

解　不论 x 从小于 2 的方向趋近于 2，或从大于 2 的方向趋近于 2，函数 $y=x+1$ 的值总是随着自变量 x 的变化从两个不同的方向愈来愈接近于 3，所以说，当 $x \to 2$ 时，$y=x+1$ 的极限为 3.

定义 3　设函数 $f(x)$ 在点 x_0 的某邻域内(点 x_0 可以除外)有定义，如果当自变量 x 无限趋近于 x_0 时，函数 $f(x)$ 无限趋近于一个常数 A，则称常数 A 为函数 $f(x)$ 当 $x \to x_0$ 时的极限，记为

$$\lim_{x \to x_0}f(x)=A \text{ 或 } f(x) \to A(x \to x_0).$$

上述当 $x \to x_0$ 时函数 $f(x)$ 的极限中，x 是既从 x_0 的左侧又从 x_0 的右侧趋近于 x_0，但有时 x 只能或只须考虑从 x_0 的左侧或从 x_0 的右侧趋近于 x_0 的情况，于是得到函数单侧极限的定义.

定义 4　设函数 $f(x)$ 在点 x_0 的某邻域内(点 x_0 可以除外)有定义，如果当自变量 x 从 x_0 的左侧趋近于 x_0 时，函数 $f(x)$ 无限趋近于一个常数 A，则称常数 A 为函数 $f(x)$ 当 $x \to x_0$ 时的左极限，记为

$$\lim_{x \to x_0^-}f(x)=A \text{ 或 } f(x_0^-)=A.$$

如果当自变量 x 从 x_0 的右侧趋近于 x_0 时，函数 $f(x)$ 无限趋近于一个常数 A，则称常数 A 为函数 $f(x)$ 当 $x \to x_0$ 时的右极限，记为

$$\lim_{x \to x_0^+}f(x)=A \text{ 或 } f(x_0^+)=A.$$

左极限与右极限统称为单侧极限.

根据当 $x \to x_0$ 时函数 $f(x)$ 的极限的定义以及左极限和右极限的定义，容易证明函数 $f(x)$ 当 $x \to x_0$ 时极限存在的充分必要条件是 $f(x)$ 的左极限和右极限各自存在并且相等，即

$$f(x_0^-) = f(x_0^+).$$

因此,即使 $f(x_0^-)$ 和 $f(x_0^+)$ 都存在,但二者若不相等,那么 $\lim\limits_{x \to x_0} f(x)$ 是不存在的.

【例 4】 设 $f(x) = \begin{cases} x-1, & x<0 \\ x^3, & x \geqslant 0 \end{cases}$. 讨论当 $x \to 0$ 时,$f(x)$ 的极限是否存在.

解
$$\lim_{x \to 0^-} f(x) = \lim_{x \to 0^-} (x-1) = -1,$$
$$\lim_{x \to 0^+} f(x) = \lim_{x \to 0^+} x^3 = 0,$$
$$\lim_{x \to 0^-} f(x) \neq \lim_{x \to 0^+} f(x).$$

因此,当 $x \to 0$ 时,$f(x)$ 的极限是不存在的.

3.2.4 极限的运算法则

根据极限的描述性定义,可以通过观察得到一些简单的函数的极限,对于比较复杂的函数,要观察出它们的变化趋势是很困难的. 本节讨论极限的四则运算法则,利用这些法则可以使我们从一些简单的函数极限,求得一些比较复杂的函数极限,以后还将介绍求极限的其他方法.

法则 1 (极限的四则运算法则)在自变量的同一变化过程中,如果 $\lim f(x) = A$, $\lim g(x) = B$,则

(1) $\lim[f(x) \pm g(x)] = \lim f(x) \pm \lim g(x) = A \pm B$;

(2) $\lim[f(x) \cdot g(x)] = \lim f(x) \cdot \lim g(x) = A \cdot B$;

(3) $\lim \dfrac{f(x)}{g(x)} = \dfrac{\lim f(x)}{\lim g(x)} = \dfrac{A}{B} (B \neq 0)$.

上述法则说明,在自变量的同一变化过程中,若两函数的极限均存在,则函数和、差、积、商的极限分别等于其极限的和、差、积、商(分母的极限不等于零).

法则 1 中(1)(2)可以推广至有限个函数的情况,关于法则 1 中的(2),有如下推论:

推论 (1) $\lim[Cf(x)] = C\lim f(x) = CA$($C$ 为常数).

即求极限时,常数因子可以提到极限记号外面,这是因为 $\lim C = C$.

(2) $\lim[f(x)]^n = [\lim f(x)]^n$.

【例 5】 求 $\lim\limits_{x \to 2} (x^2 - 3x + 5)$.

解
$$\lim_{x \to 2} (x^2 - 3x + 5) = \lim_{x \to 2} x^2 - \lim_{x \to 2} 3x + \lim_{x \to 2} 5$$
$$= (\lim_{x \to 2} x)^2 - 3 \lim_{x \to 2} x + \lim_{x \to 2} 5$$
$$= 2^2 - 3 \times 2 + 5$$
$$= 3.$$

【例 6】 求 $\lim\limits_{x \to 2} \dfrac{x^3 - 1}{x^2 - 5x + 3}$.

解 $\lim\limits_{x \to 2} \dfrac{x^3 - 1}{x^2 - 5x + 3} = \dfrac{\lim\limits_{x \to 2} (x^3 - 1)}{\lim\limits_{x \to 2} (x^2 - 5x + 3)} = \dfrac{2^3 - 1}{2^2 - 10 + 3} = -\dfrac{7}{3}$.

注:在应用极限的运算法则时,必须满足法则的条件:参加运算的各函数的极限都存

在;在做除法时,分母的极限不为零.对于不满足这些条件的函数式求极限时,不能直接应用四则运算法则.这时通常可以先对分子或分母进行因式分解或有理化,约去使分子和分母中极限为零的因子,然后求极限.

【例 7】　求 $\lim\limits_{x\to 3}\dfrac{x-3}{x^2-9}$.

解　当 $x\to 3$ 时,分子、分母极限都是零,但是我们注意到,分子和分母有极限为零的公因子 $x-3$,而 $x\to 3$ 但 $x\neq 3$,这样可以先约去极限为零的因子 $x-3$,然后再求极限.所以

$$\lim_{x\to 3}\frac{x-3}{x^2-9}=\lim_{x\to 3}\frac{1}{x+3}=\frac{1}{6}.$$

【例 8】　求 $\lim\limits_{x\to 0}\dfrac{\sqrt{1-x}-1}{x}$.

解　当 $x\to 0$ 时,分子和分母的极限均为零.这时应先对分子进行有理化,然后再求极限.所以

$$\lim_{x\to 0}\frac{\sqrt{1-x}-1}{x}=\lim_{x\to 0}\frac{-1}{\sqrt{1-x}+1}=-\frac{1}{2}.$$

【例 9】　求 $\lim\limits_{x\to 1}\left(\dfrac{1}{x-1}-\dfrac{2}{x^2-1}\right)$.

解　当 $x\to 1$ 时,$\dfrac{1}{x-1}$ 和 $\dfrac{2}{x^2-1}$ 均为无穷大,因此,不能用极限的四则运算法则.应先进行通分,然后再求极限.

$$\lim_{x\to 1}\left(\frac{1}{x-1}-\frac{2}{x^2-1}\right)=\lim_{x\to 1}\frac{x-1}{x^2-1}=\lim_{x\to 1}\frac{1}{x+1}=\frac{1}{2}.$$

法则 2　(复合函数的极限运算法则)设函数 $y=f[\varphi(x)]$ 是由函数 $y=f(u)$ 与 $u=\varphi(x)$ 复合而成的复合函数.若 $\lim\limits_{x\to x_0}\varphi(x)=u_0,\lim\limits_{u\to u_0}f(u)=A$,则有

$$\lim_{x\to x_0}f[\varphi(x)]=\lim_{u\to u_0}f(u)=A.$$

这说明在求复合函数的极限时,可以作变量代换 $u=\varphi(x)$,把求 $\lim\limits_{x\to x_0}f[\varphi(x)]$ 转化为求 $\lim\limits_{u\to u_0}f(u)$.其中,$u_0=\lim\limits_{x\to x_0}\varphi(x)$.

这个结论对 $\lim\limits_{x\to x_0}\varphi(x)=\infty,\lim\limits_{u\to\infty}f(u)=A$ 也成立.将上面式子中的 $x\to x_0$ 换成 $x\to\infty$,结论同样成立.

【例 10】　求 $\lim\limits_{x\to\frac{\pi}{2}}\ln(\sin x)$.

解　令 $u=\sin x$,由于 $\lim\limits_{x\to\frac{\pi}{2}}\sin x=\sin\dfrac{\pi}{2}=1$,故

$$\lim_{x\to\frac{\pi}{2}}\ln(\sin x)=\lim_{u\to 1}\ln u=\ln 1=0.$$

【例 11】　求 $\lim\limits_{x\to+\infty}\ln(\arctan x)$.

解　令 $f(u)=\ln u,u=\arctan x$,当 $x\to+\infty$ 时,$u\to\dfrac{\pi}{2}$,故

$$\lim_{x \to +\infty} \ln(\arctan x) = \lim_{u \to \frac{\pi}{2}} \ln u = \ln \frac{\pi}{2}.$$

3.2.5 两个重要极限及应用

利用极限的四则运算法则可以求出一些函数的极限,但有些看似形式很简单的极限问题却不能用四则运算法则解决,如 $\lim\limits_{x \to 0} \dfrac{x - 2\sin x}{x + 2\sin x}$, $\lim\limits_{x \to 0}(1 - x)^{\frac{2}{x}}$ 等.本节将介绍两个重要极限,在求某些极限时非常有用.在讨论两个重要极限之前,先简单介绍两个判定极限存在的准则.

准则 1 如果

(1)当 $x \in \mathring{U}(x_0, \delta)$(或 $|x| > M$)时,
$$g(x) \leqslant f(x) \leqslant h(x).$$

(2) $\lim\limits_{\substack{x \to x_0 \\ (x \to \infty)}} g(x) = \lim\limits_{\substack{x \to x_0 \\ (x \to \infty)}} h(x) = A.$

那么

$$\lim_{\substack{x \to x_0 \\ (x \to \infty)}} f(x) = A.$$

该准则也称为夹逼准则,它对数列也成立.

例如,考察函数 $f(x) = x \sin \dfrac{1}{x}$,当 $x \to 0$ 时的极限.由于当 $x \neq 0$ 时,有 $-|x| \leqslant \left| x \sin \dfrac{1}{x} \right| \leqslant |x|$,且当 $x \neq 0$ 时,$-|x| \to 0$,$|x| \to 0$,所以 $\left| x \sin \dfrac{1}{x} \right| \to 0$,从而 $x \sin \dfrac{1}{x} \to 0$.

即 $\lim\limits_{x \to 0} x \sin \dfrac{1}{x} = 0$.

准则 2 单调有界数列必有极限.

例如,数列 $\dfrac{1}{2}, \dfrac{3}{2}, \cdots, \dfrac{n+1}{n}, \cdots$ 是单调减少的,而且 $|x_n| = \left| \dfrac{n+1}{n} \right| \leqslant 2$,所以该数列必定有极限.容易求出 $\lim\limits_{n \to \infty} \dfrac{n+1}{n} = 1$.

利用两个准则可以证明两个重要极限:

(1) $\lim\limits_{x \to 0} \dfrac{\sin x}{x} = 1$ 或 $\lim\limits_{x \to 0} \dfrac{x}{\sin x} = 1$

在运用此极限求某些函数极限时,有时需要对函数式进行恒等变形.这时需要记住这一极限形式的特征:$\lim\limits_{[\ ] \to 0} \dfrac{\sin[\ ]}{[\ ]} = 1$,方框中的变量应该是一致的,并且它要趋向于 0.

【**例 12**】 求 $\lim\limits_{x \to 0} \dfrac{\tan x}{x}$.

解 $\lim\limits_{x \to 0} \dfrac{\tan x}{x} = \lim\limits_{x \to 0} \left(\dfrac{\sin x}{x} \cdot \dfrac{1}{\cos x} \right) = \lim\limits_{x \to 0} \dfrac{\sin x}{x} \cdot \lim\limits_{x \to 0} \dfrac{1}{\cos x} = 1 \times 1 = 1.$

【例 13】　求 $\lim\limits_{x\to 0}\dfrac{\tan 3x}{\sin 5x}$.

解　$\lim\limits_{x\to 0}\dfrac{\tan 3x}{\sin 5x}=\lim\limits_{x\to 0}\dfrac{\sin 3x}{\sin 5x}\cdot\dfrac{1}{\cos 3x}=\lim\limits_{x\to 0}\dfrac{\dfrac{\sin 3x}{3x}}{\dfrac{\sin 5x}{5x}}\cdot\dfrac{3x}{5x}\cdot\dfrac{1}{\cos 3x}$

$$=1\times\dfrac{3}{5}\times 1=\dfrac{3}{5}.$$

【例 14】　求 $\lim\limits_{x\to 0}\dfrac{1-\cos x}{x\sin x}$.

解　$\lim\limits_{x\to 0}\dfrac{1-\cos x}{x\sin x}=\lim\limits_{x\to 0}\dfrac{2\sin^2\dfrac{x}{2}}{2x\sin\dfrac{x}{2}\cos\dfrac{x}{2}}=\lim\limits_{x\to 0}\dfrac{\sin\dfrac{x}{2}}{x\cos\dfrac{x}{2}}$

$$=\lim\limits_{x\to 0}\left(\dfrac{\sin\dfrac{x}{2}}{2\cdot\dfrac{x}{2}}\cdot\dfrac{1}{\cos\dfrac{x}{2}}\right)=\dfrac{1}{2}\times 1\times 1=\dfrac{1}{2}.$$

(2) $\lim\limits_{x\to\infty}\left(1+\dfrac{1}{x}\right)^x=\mathrm{e}$ 或 $\lim\limits_{x\to 0}(1+x)^{\frac{1}{x}}=\mathrm{e}$.

注：①公式中括号内的和是趋近于 1 的,指数趋向于 ∞,记作"1^∞"型;

②注意公式的形式,对于公式 $\lim\limits_{\square\to\infty}\left(1+\dfrac{1}{\square}\right)^{\square}=\mathrm{e}$,方框中的变量应该是一致的且趋向于 ∞,或者对于公式 $\lim\limits_{\square\to 0}(1+\square)^{\frac{1}{\square}}=\mathrm{e}$,方框中的变量是一致的且趋向于 0.

【例 15】　求 $\lim\limits_{x\to\infty}\left(1-\dfrac{1}{x}\right)^x$.

解　$\lim\limits_{x\to\infty}\left(1-\dfrac{1}{x}\right)^x=\lim\limits_{x\to\infty}\left(1+\dfrac{1}{-x}\right)^x=\lim\limits_{x\to\infty}\left[\left(1+\dfrac{1}{-x}\right)^{-x}\right]^{-1}=\mathrm{e}^{-1}=\dfrac{1}{\mathrm{e}}$.

【例 16】　$\lim\limits_{x\to 0}(1-2x)^{\frac{1}{x}}$.

解　$\lim\limits_{x\to 0}(1-2x)^{\frac{1}{x}}=\lim\limits_{x\to 0}\left[(1-2x)^{\frac{1}{-2x}}\right]^{-2}=\mathrm{e}^{-2}$.

【例 17】　求 $\lim\limits_{x\to\infty}\left(\dfrac{3+x}{2+x}\right)^{2x}$.

解　$\lim\limits_{x\to\infty}\left(\dfrac{3+x}{2+x}\right)^{2x}=\lim\limits_{x\to\infty}\left[\left(1+\dfrac{1}{x+2}\right)^x\right]^2=\lim\limits_{x\to\infty}\left\{\left[\left(1+\dfrac{1}{x+2}\right)^{x+2}\right]^2\cdot\left(1+\dfrac{1}{x+2}\right)^{-4}\right\}$

$$=\mathrm{e}^2\cdot 1=\mathrm{e}^2.$$

3.2.6　无穷小与无穷大

1. 无穷小量与无穷大量

研究函数在某一变化过程中的变化趋势时,有两类具有特殊变化趋势的函数应注意,一类是其绝对值逐渐变小而趋近于零,另一类是其绝对值无限变大,即所谓的无穷小量和无穷大量.

定义 5   在某一变化过程中,以零为极限的变量称为这个变化过程中的无穷小量,简称无穷小,常用 α,β,γ 等表示.

例如,$\lim\limits_{x\to\infty}\dfrac{1}{x}=0$,所以当 $x\to\infty$ 时,变量 $\dfrac{1}{x}$ 为无穷小量.

又如,$\lim\limits_{x\to 0}x=0$,所以当 $x\to 0$ 时,变量 x 为无穷小量.

定义 6   如果函数 $f(x)$ 在自变量的某一变化过程中其绝对值 $|f(x)|$ 无限增大,则称函数 $f(x)$ 在这个变化过程中为无穷大量,简称无穷大,无穷大量也可以记为

$$\lim_{x\to x_0}f(x)=\infty \text{ 或 } \lim_{x\to\infty}f(x)=\infty.$$

例如,$\lim\limits_{x\to 0}\dfrac{1}{x}=\infty$,所以当 $x\to 0$ 时,变量 $\dfrac{1}{x}$ 为无穷大量.

又如,$\lim\limits_{x\to +\infty}2^x=\infty$,所以当 $x\to +\infty$ 时,变量 2^x 为无穷大量.

如果函数 $f(x)$ 为当 $x\to x_0$ 时的无穷大,那么它的极限是不存在的.但为了便于描述这种变化趋势,我们也说函数的极限是无穷大,并记作 $\lim\limits_{x\to x_0}f(x)=\infty$.式中的记号"$\infty$"是一个记号而不是确定的数,记号的含义仅表示 $f(x)$ 的绝对值无限增大.

关于无穷小量和无穷大量有如下定理:

定理   在自变量的同一变化过程中,如果 $f(x)$ 为无穷小量且 $f(x)\neq 0$,则 $\dfrac{1}{f(x)}$ 为无穷大量;反之,如果 $f(x)$ 为无穷大量,则 $\dfrac{1}{f(x)}$ 为无穷小量.(证明从略)

【例 18】   求 $\lim\limits_{x\to 1}\dfrac{2x-1}{x^2-5x+4}$.

解   当 $x\to 1$ 时,分母的极限为零,分子的极限为 -1.因此,不能用商的极限运算法则,但可以利用无穷小量和无穷大量之间的关系求此极限.

因为 $\lim\limits_{x\to 1}\dfrac{x^2-5x+4}{2x-1}=\dfrac{1^2-5\times 1+4}{2\times 1-3}=0$,所以

$$\lim_{x\to 1}\frac{2x-1}{x^2-5x+4}=\infty.$$

【例 19】   求 $\lim\limits_{x\to\infty}\dfrac{3x^3-4x^2+2}{7x^3+5x-3}$.

解   先用 x^3 去除分母及分子,然后取极限:

$$\lim_{x\to\infty}\frac{3x^3-4x^2+2}{7x^3+5x-3}=\lim_{x\to\infty}\frac{3-\dfrac{4}{x}+\dfrac{2}{x^3}}{7+\dfrac{5}{x^2}-\dfrac{3}{x^3}}=\frac{3}{7}.$$

【例 20】   求 $\lim\limits_{x\to\infty}\dfrac{3x^2-2x-1}{2x^3-x^2+5}$.

解   先用 x^3 去除分母及分子,然后取极限:

$$\lim_{x\to\infty}\frac{3x^2-2x-1}{2x^3-x^2+5}=\lim_{x\to\infty}\frac{\dfrac{3}{x}-\dfrac{2}{x^2}-\dfrac{1}{x^3}}{2-\dfrac{1}{x}+\dfrac{5}{x^3}}=\frac{0}{2}=0.$$

【例 21】　求 $\lim\limits_{x\to\infty}\dfrac{2x^3-x^2+5}{3x^2-2x-1}$.

解　应用例 20 结果，$\lim\limits_{x\to\infty}\dfrac{3x^2-2x-1}{2x^3-x^2+5}=0$，所以

$$\lim_{x\to\infty}\frac{2x^3-x^2+5}{3x^2-2x-1}=\infty.$$

一般情况下，有以下结果：

$$\lim_{x\to\infty}\frac{a_0x^m+a_1x^{m-1}+\cdots+a_{m-1}x+a_m}{b_0x^n+b_1x^{n-1}+\cdots+b_{n-1}x+b_n}=\begin{cases}\infty,&m>n\\[2mm]\dfrac{a_0}{b_0},&m=n.\\[2mm]0,&m<n\end{cases}$$

式中 $a_0\neq0$，$b_0\neq0$.

2. 无穷小量的性质

无穷小量有下列性质：

性质 1　有限个无穷小量的代数和仍然是无穷小量.

性质 2　有限个无穷小量的乘积仍然是无穷小量.

性质 3　常量与无穷小量的乘积仍然是无穷小量.

性质 4　有界变量与无穷小量的乘积是无穷小量.

【例 22】　求 $\lim\limits_{x\to\infty}\dfrac{\sin x}{x}$.

解　由于 $\lim\limits_{x\to\infty}\dfrac{1}{x}=0$，即 $x\to\infty$ 时，$\dfrac{1}{x}$ 为无穷小量，而 $|\sin x|\leqslant1$，即 $\sin x$ 为有界变量，根据性质 4，有

$$\lim_{x\to\infty}\frac{\sin x}{x}=0.$$

【例 23】　求 $\lim\limits_{x\to0}x\sin\dfrac{1}{x}$.

解　当 $x\to0$ 时，x 为无穷小量，虽然 $\dfrac{1}{x}$ 为无穷大量，但 $\left|\sin\dfrac{1}{x}\right|\leqslant1$，即 $\sin\dfrac{1}{x}$ 为有界变量，所以有

$$\lim_{x\to0}x\sin\frac{1}{x}=0.$$

3. 无穷小量的比较

（1）无穷小量比较的定义

两个无穷小量的和、差、积是无穷小量，但它们的商的情况却不同，如 x，$3x$，x^2 都是当 $x\to0$ 时的无穷小量，而 $\lim\limits_{x\to0}\dfrac{x^2}{3x}=0$，$\lim\limits_{x\to0}\dfrac{3x}{x^2}=\infty$，$\lim\limits_{x\to0}\dfrac{3x}{x}=3$. 两个无穷小量之比的极限的各种不同情况，反映了不同的无穷小量趋于零的"快慢"程度. 为了比较无穷小量，我们引入无穷小量"阶的比较"的定义.

定义 7　设 $\alpha=\alpha(x)$ 和 $\beta=\beta(x)$ 是在同一变化过程中的两个无穷小量.

① 如果 $\lim\dfrac{\beta}{\alpha}=0$，则称 β 是比 α 高阶的无穷小量，记作 $\beta=o(\alpha)$；

② 如果 $\lim\dfrac{\beta}{\alpha}=\infty$，则称 β 是比 α 低阶的无穷小量；

③ 如果 $\lim\dfrac{\beta}{\alpha}=C$（$C$ 为常数，且 $C\neq0$），则称 β 与 α 是同阶的无穷小量；

④ 如果 $\lim\dfrac{\beta}{\alpha}=1$，则称 β 与 α 是等价的无穷小量，记作 $\alpha\sim\beta$.

显然，等价无穷小量是同阶无穷小量的特殊情形，即 $C=1$ 的情形.

下面举一些例子：

因为 $\lim\limits_{x\to0}\dfrac{x^2}{3x}=0$，所以当 $x\to0$ 时，x^2 是比 $3x$ 高阶的无穷小量，即 $x^2=o(3x)$（$x\to0$）. 同时也称 $3x$ 是比 x^2 低阶的无穷小量.

因为 $\lim\limits_{x\to0}\dfrac{\sin x}{x}=1$，$\sin x$ 与 x 是当 $x\to0$ 时的等价无穷小量，所以 $\sin x\sim x$（$x\to0$）.

因为 $\lim\limits_{x\to3}\dfrac{x^2-9}{x-3}=6$，所以当 $x\to3$ 时，x^2-9 与 $x-3$ 是同阶无穷小量.

定理 2　设 $\alpha\sim\alpha'$，$\beta\sim\beta'$，且 $\lim\dfrac{\beta'}{\alpha'}$ 存在，则 $\lim\dfrac{\beta}{\alpha}=\lim\dfrac{\beta'}{\alpha'}$.

证明　$\lim\dfrac{\beta}{\alpha}=\lim\left(\dfrac{\beta}{\beta'}\cdot\dfrac{\beta'}{\alpha'}\cdot\dfrac{\alpha'}{\alpha}\right)=\lim\dfrac{\beta}{\beta'}\cdot\lim\dfrac{\beta'}{\alpha'}\cdot\lim\dfrac{\alpha'}{\alpha}=\lim\dfrac{\beta'}{\alpha'}$.

定理表明，在求两个无穷小量之比的极限时，分子、分母都可用其等价无穷小量来代替. 如果代替适当，可以简化计算.

(2) 等价无穷小量及其应用

根据等价无穷小量的定义，可以证明，当 $x\to0$ 时，有下列常用的等价无穷小量关系：

$\sin x\sim x$；$\tan x\sim x$；$\arcsin x\sim x$；$\arctan x\sim x$；$1-\cos x\sim\dfrac{1}{2}x^2$；$\ln(1+x)\sim x$；$e^x-1\sim x$；

$\sqrt[n]{1+x}-1\sim\dfrac{1}{n}x$.

【例 24】　求 $\lim\limits_{x\to0}\dfrac{\sin2x}{\tan5x}$.

解　当 $x\to0$ 时，$\sin2x\sim2x$，$\tan5x\sim5x$，所以

$$\lim\limits_{x\to0}\dfrac{\sin2x}{\tan5x}=\lim\limits_{x\to0}\dfrac{2x}{5x}=\dfrac{2}{5}.$$

【例 25】　求 $\lim\limits_{x\to0}\dfrac{\ln(1+x)}{x^3+3x}$.

解　当 $x\to0$ 时，$\ln(1+x)\sim x$，x^3+3x 与其本身等价，所以

$$\lim\limits_{x\to0}\dfrac{\ln(1+x)}{x^3+3x}=\lim\limits_{x\to0}\dfrac{x}{x^3+3x}=\lim\limits_{x\to0}\dfrac{1}{x^2+3}=\dfrac{1}{3}.$$

【例 26】　求 $\lim\limits_{x\to0}\dfrac{(e^x-1)\tan x}{1-\cos x}$.

解　当 $x\to0$ 时，$e^x-1\sim x$，$\tan x\sim x$，$1-\cos x\sim\dfrac{1}{2}x^2$，所以

$$\lim_{x\to 0}\frac{(e^x-1)\tan x}{1-\cos x}=\lim_{x\to 0}\frac{x\cdot x}{\dfrac{1}{2}x^2}=2.$$

在求商的极限时,分子、分母中的无穷小因子也可用其等价无穷小量代替.但要注意,求极限时,代数和中的无穷小量一般来说是不能用其等价无穷小量代替的.

如:求 $\lim\limits_{x\to 0}\dfrac{\tan x-\sin x}{x^3}$.

解　因为 $\tan x-\sin x=\tan x(1-\cos x)$,而当 $x\to 0$ 时,$\tan x\sim x$,$1-\cos x\sim\dfrac{1}{2}x^2$,所以

$$\lim_{x\to 0}\frac{\tan x-\sin x}{x^3}=\lim_{x\to 0}\frac{\tan x(1-\cos x)}{x^3}=\lim_{x\to 0}\frac{x\cdot\dfrac{1}{2}x^2}{x^3}=\frac{1}{2}.$$

习题 3-2

1. 观察下列数列的变化趋势,写出它们的极限.

(1) $x_n=\dfrac{1}{2^n}$;　　　　(2) $x_n=3+\dfrac{1}{n^2}$;　　　　(3) $x_n=(-1)^n n$.

2. 分析下列函数的变化趋势,并求极限.

(1) $f(x)=1-\dfrac{1}{x^2}$ $(x\to\infty)$;　　　　(2) $f(x)=\ln(1+x^2)$ $(x\to\infty)$.

3. 设 $f(x)=\begin{cases}x^2+2,&x<0\\x,&x\geqslant 0\end{cases}$,求 $\lim\limits_{x\to 0^-}f(x)$ 及 $\lim\limits_{x\to 0^+}f(x)$ 并判断 $\lim\limits_{x\to 0}f(x)$ 是否存在.

4. 求下列极限.

(1) $\lim\limits_{x\to 1}\dfrac{x^2-2x+5}{x^2+1}$;　　　　(2) $\lim\limits_{x\to 2}\dfrac{x^2-5x+6}{x^2-4}$;

(3) $\lim\limits_{x\to 0}\dfrac{5x^3-3x^2+x}{3x^2+4x}$;　　　　(4) $\lim\limits_{x\to 1}\dfrac{\sqrt{2-x}-\sqrt{x}}{1-x}$;

(5) $\lim\limits_{x\to 0}\left(1+\dfrac{1}{x}\right)\left(2-\dfrac{1}{x^2}\right)$;　　　　(6) $\lim\limits_{x\to 2}\left(\dfrac{1}{x-2}-\dfrac{1}{x^2-4}\right)$.

5. 利用两个重要极限,求下列极限.

(1) $\lim\limits_{x\to 0}\dfrac{\sin 6x}{x}$;　　　　(2) $\lim\limits_{x\to 0}\dfrac{\tan x}{5x}$;

(3) $\lim\limits_{x\to 0}\dfrac{1-\cos 2x}{x\sin x}$;　　　　(4) $\lim\limits_{x\to 0}\dfrac{\sin(x-2)}{x^2-4}$;

(5) $\lim\limits_{x\to 0}x\cot x$;　　　　(6) $\lim\limits_{x\to\infty}x\sin\dfrac{1}{x}$;

(7) $\lim\limits_{x\to 0}(1-x)^{\frac{2}{x}}$;　　　　(8) $\lim\limits_{x\to 0}(1+3x)^{\frac{1}{x}}$;

(9) $\lim\limits_{x\to 0}\left(\dfrac{1+x}{x}\right)^{2x}$;　　　　(10) $\lim\limits_{x\to 0}(1+3\tan^2 x)^{\cot^2 x}$.

6. 当 $x\to 0$ 时,$3x-x^2$ 与 x^2-x^3 相比,哪一个是高阶无穷小?

7. 利用等价无穷小的性质,求下列极限.

(1)$\lim\limits_{x\to 0}\dfrac{\tan 3x}{2x}$;

(2)$\lim\limits_{x\to 0}\dfrac{\ln(1+2x)}{\arcsin x}$;

(3)$\lim\limits_{x\to 0}\dfrac{\sin(2x^2)}{1-\cos x}$.

8.求下列极限.

(1)$\lim\limits_{x\to 1}\dfrac{4x-3}{x^2+5x-2}$;

(2)$\lim\limits_{x\to\infty}\dfrac{2x^5+3x^4+5}{9x^5+4x^2-1}$.

3.3　函数的连续性

在自然界和现实生活中,很多变量都是在连续不断地变化的,如气温的变化、河水的流动等都是连续变化的,这些现象反映到数学上就是函数的连续性.所谓"函数的连续变化",从直观上看,它的图像是连续不断的;从数量上分析,当自变量的变化微小时,函数值的变化也是很微小的.

3.3.1　函数的连续性

定义　设函数 $y=f(x)$ 在点 x_0 的某邻域内有定义,如果

$$\lim\limits_{x\to x_0}f(x)=f(x_0),\qquad\qquad(*)$$

则称函数 $y=f(x)$ 在点 x_0 处连续,并称 x_0 为函数 $f(x)$ 的连续点.

式($*$)的等价形式是

$$\lim\limits_{x\to x_0}\big[f(x)-f(x_0)\big]=0.$$

习惯上常记 $\Delta x=x-x_0$,称为自变量 x 在 x_0 处的增量(增量 Δx 可以是正值也可以是负值),这时 x 可记作 $x=x_0+\Delta x$;同时把 $f(x)-f(x_0)$,即 $f(x_0+\Delta x)-f(x_0)$ 记作 Δy,称为函数 y 的对应增量.

由此,函数 $y=f(x)$ 在点 x_0 连续的定义又可以叙述如下:

设函数 $y=f(x)$ 在点 x_0 的某邻域内有定义,

$$\lim\limits_{\Delta x\to 0}\Delta y=\lim\limits_{\Delta x\to 0}\big[f(x_0+\Delta x)-f(x_0)\big]=0,$$

则称函数 $y=f(x)$ 在点 x_0 处连续.

由于函数的连续性是由极限来定义的,所以根据左极限和右极限的定义,相应地可得函数在一点左连续和右连续的定义.

如果 $\lim\limits_{x\to x_0^-}f(x)=f(x_0^-)$ 存在且等于 $f(x_0)$,即

$$f(x_0^-)=f(x_0),$$

则称函数 $y=f(x)$ 在点 x_0 处左连续;如果 $\lim\limits_{x\to x_0^+}f(x)=f(x_0^+)$ 存在且等于 $f(x_0)$,即

$$f(x_0^+)=f(x_0),$$

则称函数 $y=f(x)$ 在点 x_0 处右连续.

显然,函数 $f(x)$ 在点 x_0 处连续的充分必要条件是 $f(x)$ 在点 x_0 处既左连续又右连

续,即

$$\lim_{x \to x_0^-} f(x) = \lim_{x \to x_0^+} f(x) = f(x_0).$$

在区间上每一点都连续的函数,叫作在该区间上的连续函数,或者说函数在该区间上连续.如果区间包括端点,那么函数在左端点处右连续,在右端点处左连续.

【例 1】　证明函数 $f(x) = \begin{cases} x\sin\dfrac{1}{x}, & x>0 \\ 0, & x\leqslant 0 \end{cases}$ 在点 $x=0$ 处连续.

证明　因为　　　　　　　　$\lim_{x \to 0^-} f(x) = \lim_{x \to 0^-} 0 = 0,$

$$\lim_{x \to 0^+} f(x) = \lim_{x \to 0^+} x\sin\frac{1}{x} = 0,$$

且 $f(0)=0$,即有

$$\lim_{x \to 0} f(x) = f(0) = 0,$$

所以 $f(x)$ 在点 $x=0$ 处连续.

3.3.2　函数的间断点

1. 间断点的定义

如果函数 $f(x)$ 在点 x_0 处不连续,则称 $f(x)$ 在点 x_0 处间断,点 x_0 称为函数 $f(x)$ 的间断点.

如果点 x_0 为 $f(x)$ 的间断点,则曲线 $y=f(x)$ 在点 $(x_0, f(x_0))$ 处不连续.

显然,由函数在一点连续的定义可知,如果函数 $f(x)$ 在点 x_0 处有以下三个条件之一时,点 x_0 为 $f(x)$ 的间断点:

(1)在点 x_0 处无定义;

(2)在点 x_0 处有定义,但极限 $\lim_{x \to x_0} f(x)$ 不存在;

(3)虽然在点 x_0 处有定义,且极限 $\lim_{x \to x_0} f(x)$ 存在,但 $\lim_{x \to x_0} f(x) \neq f(x_0)$.

2. 间断点的分类

设点 x_0 是函数 $f(x)$ 的间断点,若 $f(x)$ 在点 x_0 处的左、右极限都存在,则称点 x_0 为 $f(x)$ 的第一类间断点;凡不是第一类间断点的称为第二类间断点.

在第一类间断点中,如果左、右极限存在但不相等,这种间断点又称为跳跃间断点;如果左、右极限存在且相等(即极限存在),但函数在该点没有定义,或者虽然函数在该点有定义,但函数值不等于极限值,这种间断点又称为可去间断点.

【例 2】　考察函数 $y=\dfrac{1}{x}$ 在点 $x=0$ 处的连续性.若 $x=0$ 是间断点,判断其类型.

解　因为 $y=\dfrac{1}{x}$ 在点 $x=0$ 处没有定义,所以 $y=\dfrac{1}{x}$ 在点 $x=0$ 处不连续,$x=0$ 是间断点.

由于 $\lim_{x \to 0} \dfrac{1}{x} = \infty$,故 $x=0$ 为第二类间断点,也称为无穷间断点.

【**例 3**】　考察函数 $f(x) = \begin{cases} 2x+2, & x \neq 1 \\ 2, & x=1 \end{cases}$ 在点 $x=1$ 处的连续性. 若 $x=1$ 为间断点，判断其类型.

解　函数 $f(x)$ 在 $x=1$ 处有定义，且 $f(1)=2$.

因为 $\lim\limits_{x \to 1}(2x+2)=4 \neq f(1)$，所以 $f(x)$ 在 $x=1$ 处不连续，$x=1$ 为第一类间断点. 由于我们可以改变函数的定义域，令 $f(1)=4$，从而使函数 $f(x)$ 在 $x=1$ 处连续，故也称 $x=1$ 为可去间断点.

【**例 4**】　求函数 $f(x) = \begin{cases} x-1, & x<0 \\ 0, & x=0 \\ x+1, & x>0 \end{cases}$ 的间断点，并判断其类型.

解　当 $x<0$ 和 $x>0$ 时，函数无间断点，只需讨论 $x=0$ 是否为间断点.

函数 $f(x)$ 在 $x=0$ 处有定义，且 $f(0)=0$. 由于
$$\lim_{x \to 0^-}f(x) = \lim_{x \to 0^-}(x-1) = -1,$$
$$\lim_{x \to 0^+}f(x) = \lim_{x \to 0^+}(x+1) = 1,$$
因此，在 $x=0$ 处，$f(x)$ 的左极限和右极限存在但不相等. 故 $x=0$ 为间断点，且为第一类间断点，也称为跳跃间断点.

3.3.3　连续函数的运算

由极限的四则运算法则和复合函数求极限的法则，很容易得出以下结论：

连续函数的和、差、积、商（分母不为零）是连续函数；连续函数的复合函数是连续函数.

由以上结论和基本初等函数的连续性，再根据初等函数的定义，我们可以得到以下重要结论：

初等函数在其定义域内的任一区间上都是连续的.

根据这个结论及函数连续的定义知，初等函数的连续区间即是其定义区间；要求初等函数 $f(x)$ 在其定义域内的点 x_0 处的极限，只需求出在 x_0 处的函数值即可.

例如，$\lim\limits_{x \to 2}\sqrt{x^3+1} = \sqrt{2^3+1} = 3$.

应当指出的是，由于分段函数不是初等函数，所以其定义域不一定是它的连续区间.

例如，函数 $f(x) = \begin{cases} x, & x \leqslant 0 \\ 1, & x>0 \end{cases}$ 的定义域是 $(-\infty, +\infty)$，但 $f(x)$ 在点 $x=0$ 处间断，所以它的连续区间是 $(-\infty, 0) \bigcup (0, +\infty)$.

3.3.4　闭区间上连续函数的性质

在闭区间上连续的函数有几个重要的性质，下面以定理的形式叙述它们.

定理 1　（最大值和最小值定理）在闭区间上连续的函数在该区间上一定能取得它的最大值和最小值.

如图 3-29 所示,从几何上看,因为闭区间上的连续函数的图像,是包括两端点的一条不间断的曲线,因此它必定有最高点 P 和最低点 Q,P 与 Q 的纵坐标正是函数的最大值和最小值.

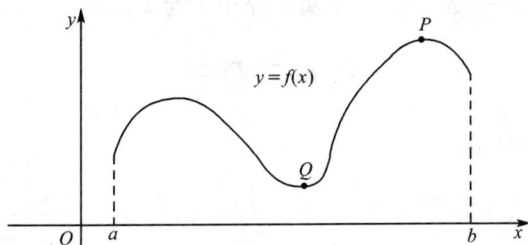

图 3-29

注:如果函数在开区间内连续,或者函数在闭区间上有间断点,那么函数在该区间上不一定有最大值或最小值.例如,函数 $y=\tan x$ 在开区间 $\left(-\dfrac{\pi}{2},\dfrac{\pi}{2}\right)$ 内是连续的,但它在开区间 $\left(-\dfrac{\pi}{2},\dfrac{\pi}{2}\right)$ 内既无最大值又无最小值.

如果点 x_0 使得 $f(x_0)=0$,则称 x_0 为函数 $f(x)$ 的零点.

定理 2　(零点定理)设函数 $f(x)$ 在闭区间 $[a,b]$ 上连续,且 $f(a)$ 与 $f(b)$ 异号(即 $f(a)\cdot f(b)<0$),那么在开区间 (a,b) 内至少有一点 ξ,使 $f(\xi)=0$.

从几何上看,定理 2 表示:如果连续曲线弧 $y=f(x)$ 的两个端点位于 x 轴的不同侧,那么这段曲线弧与 x 轴至少有一个交点.

由定理 2,立即可推得下列较一般性的定理.

定理 3　(介值定理)设函数 $f(x)$ 在闭区间 $[a,b]$ 上连续,且 $f(a)\neq f(b)$,则对于任一介于 $f(a)$ 与 $f(b)$ 之间的数 C,至少存在一点 $\xi\in(a,b)$,使
$$f(\xi)=C\quad(a<\xi<b).$$

介值定理的几何意义是:连续曲线弧 $y=f(x)$ 与水平直线 $y=C$ 至少相交于一点.

推论　在闭区间上连续的函数必取得介于最大值 M 与最小值 m 之间的任何值.

【例 5】　证明方程 $x^3-3x^2+1=0$ 在 $(0,1)$ 内至少有一个根.

证明　令 $f(x)=x^3-3x^2+1$,则 $f(x)$ 在 $[0,1]$ 上连续.又 $f(0)=1>0$,$f(1)=-1<0$,根据零点定理,至少存在一点 $\xi\in(0,1)$,使得 $f(\xi)=0$.即方程 $x^3-3x^2+1=0$ 在 $(0,1)$ 内至少有一个根.

习题 3-3

1.讨论函数 $f(x)=\begin{cases}x^2,&x\leqslant 0\\x-1,&x>0\end{cases}$ 在点 $x=0$ 处的连续性.

2.设函数 $f(x)=\begin{cases}e^x,&x<0\\a+x,&x\geqslant 0\end{cases}$,求使得 $f(x)$ 在 $(-\infty,+\infty)$ 内连续的 a 的值.

3.试求下列函数的间断点,并指出其类型.

$(1) f(x)=\dfrac{x^2-1}{x^2-3x+2}$;　　　　　$(2) f(x)=x\sin\dfrac{1}{x}$.

4. 证明方程 $e^x=3x$ 至少有一个小于 1 的正根.

5. 证明方程 $x^5-3x=1$ 至少有一个实根介于 1 与 2 之间.

总复习题三

1. 求下列函数的定义域.

$(1) f(x)=\dfrac{x-1}{\ln x}+\sqrt{16-x^2}$;　　　　　$(2) f(x)=\dfrac{\sqrt{2x+1}}{2x^2-x-1}$.

2. 求函数值.

$(1) f(x)=|1+x|+\dfrac{9(x-1)}{|2x-5|}$, 求 $f(-2), f(0)$;

$(2) f(x)=\sin x$, 求 $f\left(-\arcsin\dfrac{1}{2}\right)$.

3. 将下列初等函数分解为简单函数.

$(1) y=(3x-1)^{10}$;　　　　　　　　$(2) y=\cos^2(2x^2-3)$;

$(3) y=2^{\sin^3\frac{1}{x}}$;　　　　　　　　$(4) y=\ln(\arctan\sqrt{x^2+1})$.

4. 求下列极限.

$(1) \lim\limits_{n\to\infty}\dfrac{(n+1)(n+2)(n+3)}{5n^3}$;

$(2) \lim\limits_{n\to\infty}\dfrac{1+2+3+\cdots+(n-1)}{n^2}$.

5. 求下列极限.

$(1) \lim\limits_{x\to\infty}(\sqrt{2}\cdot\sqrt[4]{2}\cdot\cdots\cdot\sqrt[2n]{2})$;　　$(2) \lim\limits_{x\to\infty}\dfrac{x+\sqrt{x}-6}{x-4}$;

$(3) \lim\limits_{x\to\infty}\dfrac{3x^2-2x+5}{7x^2+3x-2}$;　　　　$(4) \lim\limits_{x\to\infty}x(\sqrt{4x^2+1}-2x)$;

$(5) \lim\limits_{x\to\infty}\dfrac{\sin x-\tan 2x}{x}$;　　　　$(6) \lim\limits_{x\to\infty}\left(\dfrac{2-x}{2}\right)^{\frac{2}{\sin x}}$;

$(7) \lim\limits_{x\to\infty}\left(\dfrac{2x^2+1}{2x^2-1}\right)^{\frac{1}{x-1}}$;　　　　$(8) \lim\limits_{x\to\infty}\left(\dfrac{x}{1+x}\right)^{-3x+2}$;

$(9) \lim\limits_{x\to\infty}\dfrac{\sqrt{x^2}\sin x}{x+1}$;　　　　　$(10) \lim\limits_{x\to\infty}\left(\dfrac{1}{x-3}-\dfrac{6}{x^2-9}\right)$.

6. 求下列函数的间断点,并判断间断点的类型,写出函数的连续区间.

$(1) f(x)=x\sin\dfrac{1}{x}$;

$(2) f(x)=\begin{cases}e^{\frac{1}{x-1}}, & x>0 \\ \ln(1+x), & -1<x\leqslant 0\end{cases}$.

7.设函数 $f(x)=\begin{cases} x^2+1, & x<0 \\ 0, & x=0. \\ x+1, & x>0 \end{cases}$

(1) $f(x)$ 在 $x=0$ 处极限是否存在？

(2) $f(x)$ 在 $x=0$ 处是否连续？

8.设函数 $f(x)=\begin{cases} ax+2, & |x|\leqslant 1 \\ x^2+3x+2b, & |x|>1 \end{cases}$.

(1) 写出函数的定义域；

(2) 确定 a 和 b 的值，使函数在其定义域内连续.

第4章

导数与微分

由导数与微分构成的一元函数微分学是高等数学的重要组成部分. 其中, 导数所反映的是函数相对于自变量变化快慢的程度, 即函数的变化率问题; 而微分指当自变量有微小增量时, 函数相应增量的问题. 导数与微分在生产实践和工程技术中都有十分广泛的应用.

本章中, 我们主要讨论导数和微分的概念以及它们的计算方法.

4.1 导数的概念

4.1.1 引 例

导数的概念来源于各种实际问题的变化率, 为了说明问题, 我们先讨论两个问题.

1. 变速直线运动的瞬时速度

假定物体作变速直线运动, 其运动方程为 $s=s(t)$, 求物体在 t_0 时刻的瞬时速度 $v(t_0)$. 对于匀速直线运动, 速度可用公式 "速度 $=\dfrac{\text{路程}}{\text{时间}}$" 求得, 而变速直线运动的速度如何来求呢? 下面来讨论这个问题.

如图 4-1 所示, 设物体在 t_0 时刻的位置为 $s(t_0)$, 在 $t_0+\Delta t$ 时刻的位置为 $s(t_0+\Delta t)$, 则物体在这段时间内所经过的路程为 $\Delta s=s(t_0+\Delta t)-s(t_0)$, 则物体的平均速度为

$$\bar{v}=\frac{\Delta s}{\Delta t}=\frac{s(t_0+\Delta t)-s(t_0)}{\Delta t}.$$

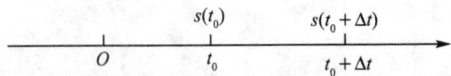

图 4-1

由于速度是连续变化的, 故当 Δt 很小时, 平均速度 $\bar{v}$ 可以作为物体在 t_0 时刻的瞬时速度 $v(t_0)$ 的近似值, 而且 Δt 越小, 近似程度越好. 所以, 当 $\Delta t \to 0$ 时, 平均速度的极限值就是 t_0 时刻的瞬时速度, 即

$$\lim_{\Delta t \to 0}\bar{v}=\lim_{\Delta t \to 0}\frac{\Delta s}{\Delta t}=\lim_{\Delta t \to 0}\frac{s(t_0+\Delta t)-s(t_0)}{\Delta t}=v(t_0).$$

2. 切线问题（曲线在一点处切线的斜率）

如图 4-2 所示，设函数 $y=f(x)$ 的图像为曲线 L，在曲线 L 上点 M_0 附近取一点 M，作割线 M_0M. 当点 M 沿曲线 L 移动而趋向于 M_0 时，割线 M_0M 的极限位置 M_0T 就定义为曲线 L 在点 M_0 处的切线.

$M_0(x_0,f(x_0))$ 和 $M(x,f(x))$ 为曲线 L 上的两点，它们到 x 轴的垂足分别为 A 和 B，作 M_0N 垂直 BM 并交 BM 于 N，则

$$M_0N=\Delta x,$$
$$MN=\Delta y=f(x_0+\Delta x)-f(x_0).$$

而比值

$$\frac{\Delta y}{\Delta x}=\frac{f(x_0+\Delta x)-f(x_0)}{\Delta x}$$

图 4-2

便是割线 M_0M 的斜率 $\tan\varphi$，当 $\Delta x\to 0$ 时，M 沿曲线 L 趋于 M_0，从而我们得到切线的斜率

$$\tan\alpha=\lim_{\Delta x\to 0}\tan\varphi=\lim_{\Delta x\to 0}\frac{\Delta y}{\Delta x}=\lim_{\Delta x\to 0}\frac{f(x_0+\Delta x)-f(x_0)}{\Delta x}.$$

由此可见，曲线 $y=f(x)$ 在点 M_0 处的纵坐标 y 的增量 Δy 与横坐标 x 的增量 Δx 之比，在当 $\Delta x\to 0$ 时的极限即为曲线在 M_0 点处的切线斜率.

两个问题的共性：所求量为函数增量与自变量增量之比的极限.

但解决问题的数学方法是相同的，即都把所求的量归结为：求当自变量的增量趋于零时，函数的增量与自变量的增量比值的极限. 这类极限问题，在其他实际问题中也会遇到，如电学中的电流强度、热学中的比热容等. 撇开这些问题的具体意义，抽象出它们数量方面的共性，就可以得到函数的导数的定义.

4.1.2　导数的定义

1. 函数在一点处的导数

定义 1　设函数 $y=f(x)$ 在点 x_0 的某个邻域内有定义，当自变量 x 在 x_0 处取得增量 Δx（点 $x_0+\Delta x$ 仍在该邻域内）时，相应的函数 y 取得增量 $\Delta y=f(x_0+\Delta x)-f(x_0)$. 如果当 $\Delta x\to 0$ 时，极限

$$\lim_{\Delta x\to 0}\frac{\Delta y}{\Delta x}=\lim_{\Delta x\to 0}\frac{f(x_0+\Delta x)-f(x_0)}{\Delta x}$$

存在，则称函数 $y=f(x)$ 在点 x_0 处可导，并称此极限值为函数 $y=f(x)$ 在点 x_0 处的导数，记为 $f'(x_0)$，$\dfrac{\mathrm{d}y}{\mathrm{d}x}\Big|_{x=x_0}$ 或 $\dfrac{\mathrm{d}f(x)}{\mathrm{d}x}\Big|_{x=x_0}$.

即已知函数 $f(x)$，构造 $\dfrac{\Delta y}{\Delta x}$，求此增量比的极限，若极限存在，则可导；若极限不存在，则不可导.

导数的定义式也可取不同的形式：

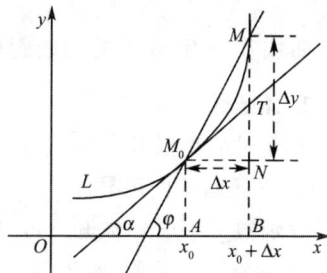

$$f'(x_0) = \lim_{h \to 0} \frac{f(x_0 + h) - f(x_0)}{h} \text{ 或 } f'(x_0) = \lim_{x \to x_0} \frac{f(x) - f(x_0)}{x - x_0}.$$

注意: 质点运动位置的函数为 $s = s(t)$, t_0 时刻的瞬时速度为 $v = \lim_{t \to t_0} \frac{s(t) - s(t_0)}{t - t_0} = s'(t_0)$.

曲线在一点 M 处的切线斜率 $k = \lim_{x \to x_0} \frac{f(x) - f(x_0)}{x - x_0} = f'(x_0)$.

2. 导函数

上面讲的是函数在一点处可导. 如果 $y = f(x)$ 在开区间 I 内的每一点处都可导, 就称 $f(x)$ 在开区间 I 内可导.

设函数 $y = f(x)$ 在开区间 I 内可导, 则 $\forall x \in I$, 都对应着 $f(x)$ 的一个确定的导数值, 就构成一个新的函数, 称为原来函数 $y = f(x)$ 的导函数, 记作

$$y', f'(x), \frac{dy}{dx}, \frac{df(x)}{dx}.$$

导数概念是函数变化率这一概念的精确描述, 它撇开了自变量和因变量所代表的物理或几何等方面的特殊意义, 纯粹从数量方面来刻画函数变化率的本质: 函数增量与自变量增量的比值 ($\frac{\Delta y}{\Delta x}$ 的值) 是函数 y 在以 x_0 和 $x_0 + \Delta x$ 为端点的区间上的平均变化率, 而导数 $y'|_{x = x_0}$ 则是函数 y 在点 x_0 处的变化率, 它反映了函数随自变量变化而变化的快慢程度.

若 $\Delta x \to 0$ 时, $\frac{\Delta y}{\Delta x} \to \infty$. 为方便起见, 往往说 $y = f(x)$ 在点 x_0 处导数为无穷大. $f(x)$ 在点 x_0 处的导数 $f'(x_0)$ 就是导函数 $f'(x)$ 在点 $x = x_0$ 处的函数值, 即 $f'(x_0) = f'(x)|_{x = x_0}$.

3. 单侧导数

定义 2 设函数 $y = f(x)$ 在 x_0 的某邻域内有定义, 如果极限

$$\lim_{\Delta x \to 0^-} \frac{f(x_0 + \Delta x) - f(x_0)}{\Delta x}$$

存在, 则称此极限值为函数 $y = f(x)$ 在点 x_0 处的左导数, 记为 $f'_-(x_0)$.

如果极限 $\lim\limits_{\Delta x \to 0^+} \frac{f(x_0 + \Delta x) - f(x_0)}{\Delta x}$ 存在, 则称此极限值为函数 $y = f(x)$ 在点 x_0 处的右导数, 记为 $f'_+(x_0)$.

通常把 $f'_-(x_0)$ 和 $f'_+(x_0)$ 统称为函数 $y = f(x)$ 在 x_0 处的单侧导数.

函数 $y = f(x)$ 在点 x_0 处可导 $\Leftrightarrow f'_+(x_0)$ 与 $f'_-(x_0)$ 都存在且相等.

若 $f(x)$ 在 (a, b) 内可导, 且 $f'_+(a)$ 及 $f'_-(b)$ 都存在, 就说 $f(x)$ 在闭区间 $[a, b]$ 上可导.

【例1】 求 $f(x) = C$(C 为常数)的导数.

解 $f'(x) = \lim\limits_{\Delta x \to 0} \frac{f(x + \Delta x) - f(x)}{\Delta x} = \lim\limits_{\Delta x \to 0} \frac{C - C}{\Delta x} = 0$, 即 $C' = 0$.

【例2】 求 $f(x) = x^n$(n 为正整数)在 $x = a$ 处的导数.

解 $f'(a) = \lim\limits_{x \to a} \frac{f(x) - f(a)}{x - a} = \lim\limits_{x \to a} \frac{x^n - a^n}{x - a} = \lim\limits_{x \to a} (x^{n-1} + ax^{n-2} + \cdots + a^{n-1}) = na^{n-1}.$

对 $\forall x$，有 $f'(x) = (x^n)' = nx^{n-1}$，亦有 $(x^u)' = ux^{u-1}$（u 为任意实数）.

例如 $(x^2)' = 2x$，$(x^{-2})' = -2x^{-3}$，$(x^{\frac{1}{5}})' = \frac{1}{5}x^{-\frac{4}{5}}$.

也可作为公式：$(\sqrt{x})' = \dfrac{1}{2\sqrt{x}}$，$\left(\dfrac{1}{x}\right)' = -\dfrac{1}{x^2}$.

【例 3】 求 $f(x) = \sin x$ 的导数.

解 $f'(x) = \lim\limits_{h \to 0} \dfrac{\sin(x+h) - \sin x}{h} = \lim\limits_{h \to 0} \dfrac{2\cos\left(x + \dfrac{h}{2}\right) \cdot \sin\dfrac{h}{2}}{h} = \cos x$，

即 $(\sin x)' = \cos x$. 同理可求 $(\cos x)' = -\sin x$.

【例 4】 求 $f(x) = a^x (a > 0, a \neq 1)$ 的导数.

解 $f'(x) = \lim\limits_{h \to 0} \dfrac{a^{x+h} - a^x}{h} = a^x \lim\limits_{h \to 0} \dfrac{a^h - 1}{h}$，令 $u = a^h - 1$，则

$$f'(x) = a^x \lim_{u \to 0} \frac{u}{\dfrac{\ln(u+1)}{\ln a}} = a^x \ln a \lim_{u \to 0} \frac{u}{\ln(u+1)} = a^x \ln a,$$

因为 $\lim\limits_{u \to 0} \dfrac{\ln(u+1)}{u} = \lim\limits_{u \to 0} \ln(u+1)^{\frac{1}{u}}$ 为 1^∞ 型，所以 $\lim\limits_{u \to 0} \ln \mathrm{e} = 1$，即 $(a^x)' = a^x \ln a$，当 $a = \mathrm{e}$ 时，$(\mathrm{e}^x)' = \mathrm{e}^x$.

【例 5】 求函数 $y = \log_a x (a > 0, a \neq 1)$ 的导数.

解 $f'(x) = \lim\limits_{h \to 0} \dfrac{f(x+h) - f(x)}{h} = \lim\limits_{h \to 0} \dfrac{\log_a(x+h) - \log_a x}{h}$

$$= \lim_{h \to 0} \frac{1}{h} \cdot \log_a\left(1 + \frac{h}{x}\right) = \lim_{h \to 0} \frac{1}{x} \cdot \frac{x}{h} \cdot \log_a\left(1 + \frac{h}{x}\right)$$

$$= \frac{1}{x} \lim_{h \to 0} \frac{\log_a\left(1 + \dfrac{h}{x}\right)}{\dfrac{h}{x}}$$

$$= \frac{1}{x \ln a},$$

即 $(\log_a x)' = \dfrac{1}{x \ln a}$. 当 $a = \mathrm{e}$ 时，$(\ln x)' = \dfrac{1}{x}$.

【例 6】 求 $f(x) = |x|$ 在 $x = 0$ 处的导数.

解 如图 4-3 所示，因为

$$\Delta y = |0 + \Delta x| - |0| = |\Delta x|,$$

所以

$$\lim_{\Delta x \to 0} \Delta y = 0,$$

即 $f(x) = |x|$ 在点 $x_0 = 0$ 处连续.

又函数 $f(x)$ 在点 $x_0 = 0$ 的左、右导数分别为：

$$f'_-(0) = \lim_{\Delta x \to 0^-} \frac{f(0 + \Delta x) - f(0)}{\Delta x} = \lim_{\Delta x \to 0^-} \frac{-\Delta x}{\Delta x} = -1,$$

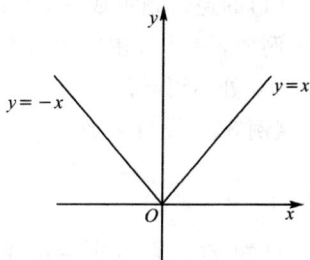

图 4-3

$$f'_+(0) = \lim_{\Delta x \to 0^+} \frac{f(0+\Delta x) - f(0)}{\Delta x} = \lim_{\Delta x \to 0^+} \frac{\Delta x}{\Delta x} = 1.$$

即 $f'_-(0) \neq f'_+(0)$，所以 $f(x)$ 在点 $x_0 = 0$ 处不可导.

4.1.3 导数的几何意义

如图 4-4 所示，函数 $y = f(x)$ 在点 x_0 处的导数 $f'(x_0)$ 在几何上表示曲线 $y = f(x)$ 在点 $M(x_0, f(x_0))$ 处的切线斜率，曲线 $y = f(x)$ 在点 $M(x_0, y_0)$ 处的切线方程为：

$$y - y_0 = f'(x_0)(x - x_0),$$

曲线 $y = f(x)$ 在点 M 处的法线为过点 $M(x_0, y_0)$ 且与切线垂直的直线，如果 $f'(x_0) \neq 0$，则法线方程为：

$$y - y_0 = -\frac{1}{f'(x_0)}(x - x_0).$$

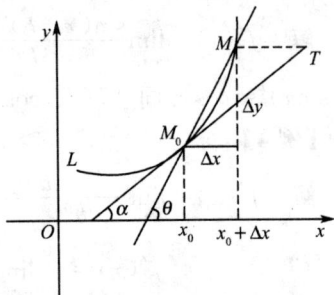

图 4-4

【例 7】 求等边双曲线 $y = \frac{1}{x}$ 在 $\left(\frac{1}{2}, 2\right)$ 处的切线斜率，并写出该点处的切线方程和法线方程.

解 $y'\Big|_{x=\frac{1}{2}} = -\frac{1}{x^2}\Big|_{x=\frac{1}{2}} = -4.$

切线方程：$y - 2 = (-4) \cdot \left(x - \frac{1}{2}\right)$，即 $4x + y - 4 = 0$.

法线方程：$y - 2 = \frac{1}{4}\left(x - \frac{1}{2}\right)$，即 $2x - 8y + 15 = 0$.

4.1.4 函数的可导性与连续性的关系

(1) $f(x)$ 在点 x 处可导，$f(x)$ 在点 x 处必连续；

(2) $f(x)$ 在点 x 处连续，$f(x)$ 在点 x 处不一定可导.

证明 $y = f(x)$ 在点 x 处可导，即 $\lim\limits_{\Delta x \to 0} \frac{\Delta y}{\Delta x} = f'(x)$ 存在，$\frac{\Delta y}{\Delta x} = f'(x) + \alpha$，其中 α 为 $x \to x_0$ 时的无穷小，所以 $\Delta y = f'(x) \cdot \Delta x + \alpha \cdot \Delta x$，即 $\lim\limits_{\Delta x \to 0} \Delta y = 0$，故 $y = f(x)$ 在 x 处连续.

(1) 的逆命题不成立，如下所示：

例如，$y = |x|$ 在 $(-\infty, +\infty)$ 连续，但在 $x = 0$ 处 $f'_+(0) = 1$，$f'_-(0) = -1$，故 $y = |x|$ 在 $x = 0$ 处不可导.

【例 8】 设有函数

$$f(x) = \begin{cases} 2\sin x, & x \leqslant 0 \\ a + bx, & x > 0 \end{cases}.$$

已知 $f(x)$ 在点 $x_0 = 0$ 可导，试确定 a 和 b 的值.

解 由题意可知 $f(x)$ 在点 $x_0 = 0$ 必连续. 于是由连续性的定义可知

$$\lim_{x \to 0} f(x) = f(0) = 2\sin 0 = 0.$$

由极限存在又推出左右极限都存在，于是有

$$\lim_{x\to 0^+} f(x) = \lim_{x\to 0^-} f(x) = 0.$$

因为 $x > 0$ 时，$f(x) = a + bx$，所以

$$\lim_{x\to 0^+} f(x) = \lim_{x\to 0^+} (a+bx) = a,$$

由以上两式可以推出 $a = 0$.

又由于 $f(x)$ 在点 $x_0 = 0$ 可导，所以该函数在点 $x_0 = 0$ 的左、右导数都存在且相等. 根据函数表达式得到

$$f'_-(0) = \lim_{\Delta x\to 0^-} \frac{f(0+\Delta x) - f(0)}{\Delta x} = \lim_{\Delta x\to 0^-} \frac{2(\sin\Delta x - 0)}{\Delta x} = 2,$$

$$f'_+(0) = \lim_{\Delta x\to 0^+} \frac{f(0+\Delta x) - f(0)}{\Delta x} = \lim_{\Delta x\to 0^+} \frac{b\cdot\Delta x}{\Delta x} = b,$$

由此得到 $b = 2$.

习题 4-1

1. 讨论 $f(x) = \begin{cases} x\sin\dfrac{1}{x}, & x\neq 0 \\ 0, & x=0 \end{cases}$ 在 $x=0$ 处的连续性与可导性.

2. 求使得 $f(x) = \begin{cases} \mathrm{e}^x, & x\geqslant 0 \\ ax+b, & x<0 \end{cases}$ 在点 $x=0$ 可导的 a,b 的值.

4.2　函数的求导法则

上一节我们给出了函数的导数概念，并用导数的定义求得了几个基本初等函数的导数，我们不难发现用导数的定义求导比较麻烦. 因此，我们希望找到一些公式与运算法则，借助它们简化求导数的过程. 本节我们将建立一系列的求导法则和方法，导出所有基本初等函数的导数.

4.2.1　函数的和、差、积、商的求导法则

定理 1　设函数 $u(x)$ 和 $v(x)$ 在点 x 处都可导，则函数 $u(x)\pm v(x)$，$u(x)v(x)$，$\dfrac{u(x)}{v(x)}$ $(v(x)\neq 0)$，在点 x 处也可导，且有：

(1) 两个可导函数和（差）的导数等于这两个函数导数的和（差），即
$$(u\pm v)' = u'\pm v'.$$

推广（有限项）：$(u+v-w)' = u'+v'-w'$.

(2) 两个可导函数乘积的导数等于第一个因子的导数与第二个因子的乘积，加上第一个因子与第二个因子的导数的乘积，即 $(uv)' = u'v+uv'$，特别：$(cu)' = c\cdot u'$（c 为常数）.

推广：$(uvw)' = u'vw+uv'w+uvw'$.

(3) 两个可导函数之商的导数等于分子的导数与分母的乘积减去分母的导数与分子的乘积，再除以分母的平方，即

$$\left(\frac{u}{v}\right)' = \frac{u'v - uv'}{v^2}.$$

【例1】 设 $y = 2x^3 - 5x^2 + 3x - 7$，求 y'.

解　$y' = 6x^2 - 10x + 3$.

【例2】 设 $f(x) = x^3 + 4\cos x - \sin\frac{\pi}{2}$，求 $f'(x)$ 及 $f'\left(\frac{\pi}{2}\right)$.

解　$f'(x) = 3x^2 - 4\sin x$，$f'\left(\frac{\pi}{2}\right) = 3 \times \left(\frac{\pi}{2}\right)^2 - 4\sin\frac{\pi}{2} = \frac{3}{4}\pi^2 - 4$.

【例3】 设 $y = e^x(\sin x + \cos x)$，求 y'.

解　$y' = e^x(\sin x + \cos x) + e^x(\cos x - \sin x) = 2e^x\cos x$.

【例4】 设 $y = \tan x$，求 y'.

解　$y' = \left(\frac{\sin x}{\cos x}\right)' = \frac{\cos x \cdot \cos x - \sin x(-\sin x)}{\cos^2 x} = \sec^2 x.$ 同理，$(\cot x)' = -\csc^2 x$.

【例5】 设 $y = \sec x = \frac{1}{\cos x}$，求 y'.

解　$y' = \frac{-(-\sin x)}{\cos^2 x} = \sec x \cdot \tan x.$ 同理，$(\csc x)' = -\csc x \cot x$.

4.2.2　反函数的求导法则

定理2　如果 $x = \varphi(y)$ 在某区间 I_y 内单调、可导，且 $\varphi'(y) \neq 0$，那么它的反函数 $y = f(x)$ 在对应区间 I_x 内可导，且有 $f'(x) = \frac{1}{\varphi'(y)}$，即 $[\varphi^{-1}(x)]' = \frac{1}{\varphi'(y)}$，或 $\frac{\mathrm{d}y}{\mathrm{d}x} = \frac{1}{\frac{\mathrm{d}x}{\mathrm{d}y}}$.

【例6】 求 $y = \arcsin x$ 的导数.

解　因为 $x = \sin y$ 在 $I_y = \left(-\frac{\pi}{2}, \frac{\pi}{2}\right)$ 内单调、可导，且 $(\sin y)' = \cos y > 0$，故 $y = \arcsin x$ 在 $I_x = (-1, 1)$ 内有

$$(\arcsin x)' = \frac{1}{(\sin y)'} = \frac{1}{\cos y}.$$

因为 $x = \sin y$，故 $\cos y = \sqrt{1 - x^2}$，故

$$(\arcsin x)' = \frac{1}{\sqrt{1 - x^2}}.$$

类似可得 $(\arccos x)' = -\frac{1}{\sqrt{1 - x^2}}$.

【例7】 求 $y = \arctan x$ 的导数.

解　因为 $x = \tan y$ 在 $I_y = \left(-\frac{\pi}{2}, \frac{\pi}{2}\right)$ 内单调、可导，$(\tan y)' = \sec^2 y \neq 0$，所以

$$(\arctan x)' = \frac{1}{(\tan y)'} = \frac{1}{\sec^2 y} = \cos^2 y.$$

因为 $x = \tan y = \frac{\sin y}{\cos y}$，而 $\sec^2 y = 1 + \tan^2 y = 1 + x^2$，所以 $(\arctan x)' = \frac{1}{x^2 + 1}$.

类似地可得 $(\operatorname{arccot}x)' = -\dfrac{1}{x^2+1}$.

【例 8】　求 $y = \log_a x$ 的导数.

解　$x = a^y$ 为其反函数,在区间 $I_y = (-\infty, +\infty)$ 内单调、可导,且 $(a^y)' = a^y \ln a$,故 $\dfrac{\mathrm{d}y}{\mathrm{d}x} = \dfrac{1}{\dfrac{\mathrm{d}x}{\mathrm{d}y}} = \dfrac{1}{a^y \ln a} = \dfrac{1}{x \ln a}$. 特别:$(\ln x)' = \dfrac{1}{x}$.

4.2.3　复合函数的求导法则

定理 3　若函数 $u = g(x)$ 在点 x 处可导,而 $y = f(u)$ 在点 $u = g(x)$ 处可导,则复合函数 $y = f[g(x)]$ 在点 x 处可导,且其导数为

$$\frac{\mathrm{d}y}{\mathrm{d}x} = f'(u) \cdot g'(x) \ \text{或} \ \frac{\mathrm{d}y}{\mathrm{d}x} = \frac{\mathrm{d}y}{\mathrm{d}u} \cdot \frac{\mathrm{d}u}{\mathrm{d}x}$$

【例 9】　设 $y = \ln\tan x$,求 $\dfrac{\mathrm{d}y}{\mathrm{d}x}$.

解　函数 $y = \ln\tan x$ 可看作由 $y = \ln u$,$u = \tan x$ 复合而成,

因此 $\dfrac{\mathrm{d}y}{\mathrm{d}x} = \dfrac{\mathrm{d}y}{\mathrm{d}u} \cdot \dfrac{\mathrm{d}u}{\mathrm{d}x} = \dfrac{1}{u} \cdot \sec^2 x = \dfrac{1}{\tan x} \sec^2 x = \dfrac{1}{\sin x \cos x}$.

【例 10】　设 $y = \mathrm{e}^{x^3}$,求 y'.

解　函数 $y = \mathrm{e}^{x^3}$ 可看作由 $y = \mathrm{e}^u$,$u = x^3$ 复合而成,因此

$$y' = \frac{\mathrm{d}y}{\mathrm{d}u} \cdot \frac{\mathrm{d}u}{\mathrm{d}x} = \mathrm{e}^u \cdot 3x^2 = \mathrm{e}^{x^3} \cdot 3x^2.$$

【例 11】　设 $y = \sin\dfrac{2x}{1+x^2}$,求 y'.

解　因为 $y = \sin u$,$u = \dfrac{2x}{1+x^2}$,

所以 $\dfrac{\mathrm{d}y}{\mathrm{d}x} = \cos u \cdot \dfrac{\mathrm{d}u}{\mathrm{d}x} = \cos u \dfrac{2(1+x^2)-4x^2}{(1+x^2)^2} = \cos u \dfrac{2(1-x^2)}{(1+x^2)^2}$,

于是 $\dfrac{\mathrm{d}y}{\mathrm{d}x} = \cos\dfrac{2x}{1+x^2} \cdot \dfrac{2(1-x^2)}{(1+x^2)^2}$.

【例 12】　设 $y = \sin^2 x$,求 $\dfrac{\mathrm{d}y}{\mathrm{d}x}$.

解　$\dfrac{\mathrm{d}y}{\mathrm{d}x} = 2\sin x\cos x = \sin 2x$.

【例 13】　设 $y = \sin^5 \dfrac{x}{2}$,求 y'.

解　函数 $y = \sin^5\dfrac{x}{2}$ 可分解为 $y = u^5$,$u = \sin v$,$v = \dfrac{x}{2}$,故导数

$$y' = \frac{\mathrm{d}y}{\mathrm{d}x} = 5\sin^4 v \cdot \cos\frac{x}{2} \cdot \frac{1}{2} = \frac{5}{2}\sin^4 \frac{x}{2} \cdot \cos\frac{x}{2}.$$

【例 14】 设 $y = e^{\sin\frac{1}{x}}$，求 y'.

解　$y' = (e^{\sin\frac{1}{x}})' = e^{\sin\frac{1}{x}} \left(\sin\frac{1}{x}\right)' = e^{\sin\frac{1}{x}} \cdot \cos\frac{1}{x} \cdot \left(-\frac{1}{x^2}\right)$.

【例 15】 证明幂函数 $(x^\mu)' = \mu x^{\mu-1}$，μ 为常数.

证明　因为 $x^\mu = e^{\mu \ln x} = e^u$，$u = \mu \ln x$，所以

$$(x^\mu)' = (e^{\mu\ln x})' = e^{\mu\ln x}(\mu\ln x)' = e^{\mu\ln x}\frac{\mu}{x} = x^\mu\frac{\mu}{x} = \mu x^{\mu-1}.$$

4.2.4　高阶导数

物体作变速直线运动，其瞬时速度 $v(t)$ 就是路程函数 $s = s(t)$ 对时间 t 的导数，即 $v(t) = s'(t)$. 根据物理学知识，速度函数 $v(t)$ 对于时间 t 的变化率就是加速度 $\alpha(t)$，即 $\alpha(t)$ 是 $v(t)$ 对于时间 t 的导数，$\alpha(t) = v'(t) = [s'(t)]'$. 于是，加速度 $\alpha(t)$ 就是路程函数 $s(t)$ 对时间 t 的导数的导数，称为 $s(t)$ 对 t 的二阶导数，记为 $s''(t)$. 因此，变速直线运动的加速度就是路程函数 $s(t)$ 对 t 的二阶导数，即 $\alpha(t) = s''(t)$.

1. 高阶导数

定义　如果函数 $f(x)$ 的导数 $f'(x)$ 在点 x 处可导，即

$$(f'(x))' = \lim_{\Delta x \to 0}\frac{f'(x+\Delta x) - f'(x)}{\Delta x}$$

存在，则称 $(f'(x))'$ 为函数 $f(x)$ 在点 x 处的二阶导数，记为

$$f''(x), y'', \frac{\mathrm{d}^2 y}{\mathrm{d}x^2} \text{ 或 } \frac{\mathrm{d}^2 f(x)}{\mathrm{d}x^2}.$$

类似地，二阶导数的导数称为三阶导数，记为

$$f'''(x), y''', \frac{\mathrm{d}^3 y}{\mathrm{d}x^3} \text{ 或 } \frac{\mathrm{d}^3 f(x)}{\mathrm{d}x^3}.$$

一般地，$f'(x)$ 的 $n-1$ 阶导数的导数称为 $f(x)$ 的 n 阶导数，记为

$$f^{(n)}(x), y^{(n)}, \frac{\mathrm{d}^n y}{\mathrm{d}x^n} \text{ 或 } \frac{\mathrm{d}^n f(x)}{\mathrm{d}x^n}.$$

2. 应用举例

【例 16】 设 $y = ax^2 + bx + c$，求 y''，y'''，$y^{(4)}$.

解　$y' = 2ax + b$，$y'' = 2a$，$y''' = 0$，$y^{(4)} = 0$.

【例 17】 求 $y = e^x$ 的 n 阶导数.

解　$y' = e^x$，$y'' = e^x$，$y''' = e^x$，$y^{(4)} = e^x$，显然易见，对任何 n，有 $y^{(n)} = e^x$，即

$$(e^x)^{(n)} = e^x.$$

【例 18】 求 $y = \sin x$ 的 n 阶导数.

解　$y' = \cos x = \sin\left(x + \frac{\pi}{2}\right)$,

$$y'' = -\sin x = \sin(x+\pi) = \sin\left(x + 2\cdot\frac{\pi}{2}\right),$$

$$y''' = -\cos x = -\sin\left(x+\frac{\pi}{2}\right) = \sin\left(x+\frac{\pi}{2}+\pi\right) = \sin\left(x + 3\cdot\frac{\pi}{2}\right),$$

$$y^{(4)} = \sin x = \sin(x+2\pi) = \sin\left(x+4 \cdot \frac{\pi}{2}\right).$$

一般地,有 $y^{(n)} = \sin\left(x+n \cdot \frac{\pi}{2}\right)$,即

$$(\sin x)^{(n)} = \sin\left(x+n \cdot \frac{\pi}{2}\right).$$

同理可得

$$(\cos x)^{(n)} = \cos\left(x+n \cdot \frac{\pi}{2}\right).$$

【例 19】 求函数 $y = x^{\mu}$ 的 n 阶导数.

解 因为 $y' = \mu x^{\mu-1}, y'' = \mu(\mu-1)x^{\mu-2}, y''' = \mu(\mu-1)(\mu-2)x^{\mu-3}$. 一般地,有

$$y^{(n)} = \mu(\mu-1)\cdots(\mu-n+1)x^{\mu-n}.$$

当 $\mu = n$ 时,$(x^n)^{(n)} = n!, (x^n)^{(n+1)} = 0$.

【例 20】 已知 $y = \ln(1+x)$,求各阶导数.

解 $y = \ln(1+x), y' = \dfrac{1}{1+x}, y'' = -\dfrac{1}{(1+x)^2}, y''' = \dfrac{1 \cdot 2}{(1+x)^3}, y^{(4)} = -\dfrac{1 \cdot 2 \cdot 3}{(1+x)^4}$.

一般地,有 $y^{(n)} = (-1)^{n-1}\dfrac{(n-1)!}{(1+x)^n}$,即

$$\left[\ln(1+x)\right]^{(n)} = (-1)^{n-1}\frac{(n-1)!}{(1+x)^n}.$$

4.2.5　基本求导法则与导数公式

1. 常数和基本初等函数的导数公式

(1) $(C)' = 0$;

(2) $(x^{\mu})' = \mu x^{\mu-1}$($\mu$ 为任意实数);

(3) $(\sin x)' = \cos x$;

(4) $(\cos x)' = -\sin x$;

(5) $(\tan x)' = \sec^2 x$;

(6) $(\cot x)' = -\csc^2 x$;

(7) $(\sec x)' = \sec x \cdot \tan x$;

(8) $(\csc x)' = -\csc x \cdot \cot x$;

(9) $(a^x)' = a^x \ln a$;

(10) $(e^x)' = e^x$;

(11) $(\log_a x)' = \dfrac{1}{x \ln a}$;

(12) $(\ln x)' = \dfrac{1}{x}$;

(13) $(\arcsin x)' = \dfrac{1}{\sqrt{1-x^2}}$;

(14) $(\arccos x)' = -\dfrac{1}{\sqrt{1-x^2}}$;

(15) $(\arctan x)' = \dfrac{1}{1+x^2}$;

(16) $(\text{arccot} x)' = -\dfrac{1}{1+x^2}$.

2. 函数的和、差、积、商的求导法则

设 $u = u(x), v = v(x)$ 都可导,则

(1) $(u \pm v)' = u' \pm v'$;

(2) $(Cu)' = Cu'$(C 为常数);

(3) $(uv)' = u'v + uv'$;

(4) $\left(\dfrac{u}{v}\right)' = \dfrac{u'v - uv'}{v^2}$($v \neq 0$).

3. 反函数的求导法则

设 $x = f(y)$ 在区间 I_y 内单调、可导且 $f'(y) \neq 0$,则它的反函数 $y = f^{-1}(x)$ 在 $I_x =$

$\{x\,|\,x=f(y),y\in I_y\}$内也可导,且

$$[f^{-1}(x)]'=\frac{1}{f'(y)}\ 或\ \frac{\mathrm{d}y}{\mathrm{d}x}=\frac{1}{\dfrac{\mathrm{d}x}{\mathrm{d}y}}.$$

4. 复合函数的求导法则

设 $y=f(u),u=g(x)$,若函数 $u=g(x)$ 在点 x 处可导,而 $y=f(u)$ 在点 $u=g(x)$ 处也可导,则复合函数 $y=f[g(x)]$ 在点 x 处可导,且其导数为

$$y'(x)=f'(u)\cdot g'(x)\ 或\ \frac{\mathrm{d}y}{\mathrm{d}x}=\frac{\mathrm{d}y}{\mathrm{d}u}\cdot\frac{\mathrm{d}u}{\mathrm{d}x}.$$

习题 4-2

1. 求下列函数的导数.

(1) $y=\ln\tan x$;

(2) $y=\mathrm{e}^{x^3}$;

(3) $y=\sin\dfrac{2x}{1+x^2}$;

(4) $y=\ln\sin x$;

(5) $y=\sqrt[3]{1-2x^2}$;

(6) $y=\sqrt{1-x^2}$.

2. 设 $y=\ln(x+\sqrt{1+x^2})$,求 y'.

3. 设 $y=\mathrm{e}^{\sqrt{1-\sin x}}$,求 y'.

4. 求下列函数的高阶导数.

(1) 求 $y=\sin kx$ 的 n 阶导数.

(2) 设 $y=\dfrac{1}{x^2-1}$,求 $y^{(100)}$.

(3) 设 $y=\ln(1+2x-3x^2)$,求 $y^{(n)}$.

4.3　函数的微分

在理论研究和实际应用中,常常会遇到这样的问题:当自变量有微小变化时,求函数 $y=f(x)$ 的微小改变量 $\Delta y=f(x+\Delta x)-f(x)$. 这个问题初看起来似乎只要做减法运算就可以了,然而,对于较复杂的函数 $f(x)$,差值 $f(x+\Delta x)-f(x)$ 却是一个更复杂的表达式,不易求出其值. 一个想法是:我们设法将 Δy 表示成 Δx 的线性函数,即线性化,从而把复杂问题化为简单问题. 微分就是实现这种线性化的一种数学模型.

4.3.1　微分的概念

1. 引例

一块正方形金属薄片受温度变化影响时,其边长由 x_0 变到 $x_0+\Delta x$,如图 4-5 所示,问此薄片的面积改变了多少?

解　设此薄片的边长为 x_0,面积为 S,则 $S=x_0^2$,薄片受到温度变化的影响,面积变为

$(x_0 + \Delta x)^2$,故面积的增量 ΔS 为

$$\Delta S = (x_0 + \Delta x)^2 - x_0^2 = 2x_0 \Delta x + (\Delta x)^2.$$

又因为

$$\lim_{\Delta x \to 0} \frac{(\Delta x)^2}{\Delta x} = 0,$$

所以

$$(\Delta x)^2 = o(\Delta x).$$

于是

$$\Delta S = 2x_0 \Delta x + o(\Delta x)(\Delta x \to 0).$$

从上式看出,ΔS 分成两部分:一部分是 $2x_0 \Delta x$,它是 Δx 的线性函数,即图中两个小矩形面积之和;另一部分是 Δx 的高阶无穷小量.因此,当 $\Delta x \to 0$ 时,$\Delta S \approx 2x_0 \Delta x$.

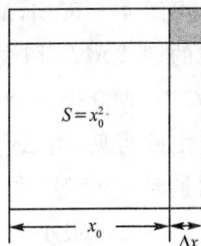

2. 微分的定义

定义 设函数 $y = f(x)$ 在 x_0 的某邻域内有定义,x_0 及 $x_0 + \Delta x$ 在该邻域内,如果函数的增量 $\Delta y = f(x_0 + \Delta x) - f(x_0) = A \cdot \Delta x + o(\Delta x)$,其中 A 是不依赖于 Δx 的常数,那么称函数 $y = f(x)$ 在点 x_0 处可微,并且称 $A \cdot \Delta x$ 为函数 $f(x)$ 在点 x_0 处相应于自变量增量 Δx 的微分,记作 $\mathrm{d}y$,即 $\mathrm{d}y = A \cdot \Delta x$.

3. 函数可微与可导关系

若函数 $f(x)$ 在点 x_0 处可微,则 $f(x)$ 在点 x_0 处可导,且 $f'(x_0) = A$.

结论 1 函数 $f(x)$ 在点 x_0 处可微 $\Leftrightarrow$ 函数 $f(x)$ 在点 x_0 处可导,且 $f'(x_0) = A$.

结论 2 以微分 $\mathrm{d}y = f'(x_0) \Delta x$ 近似代替 Δy 时,当 $\Delta x \to 0$ 时,误差也趋近于零.因此在 $|\Delta x|$ 很小时,有精度较好的近似式

$$\Delta y \approx \mathrm{d}y = f'(x_0) \Delta x.$$

【例 1】 求函数 $y = x^2$ 在点 $x = 1$ 和 $x = 3$ 处的微分.

解 $\mathrm{d}y = (x^2)'|_{x=1} \cdot \Delta x = 2\Delta x, \mathrm{d}y = (x^2)'|_{x=3} \cdot \Delta x = 6\Delta x.$

函数在任意点 x 处的微分,称为函数的微分,记 $\mathrm{d}y = f'(x) \Delta x$.

通常把自变量的增量 Δx 也称自变量微分,记作 $\mathrm{d}x$,于是

$$\mathrm{d}y = f'(x) \mathrm{d}x,$$

从而有 $\dfrac{\mathrm{d}y}{\mathrm{d}x} = f'(x)$,所以导数也称"微商".

【例 2】 求函数 $y = \sin 5x, y = \mathrm{e}^{x^2}$ 的微分 $\mathrm{d}y$.

解 $\mathrm{d}y = 5\cos 5x \mathrm{d}x, \mathrm{d}y = 2x\mathrm{e}^{x^2} \mathrm{d}x.$

4.3.2 微分的几何意义

在直角坐标系中,函数 $y = f(x)$ 的图像是一条曲线,对于某一固定的 x_0,曲线上有确定的点 $M(x_0, y_0)$.当 x 在 x_0 处有微小增量 Δx 时,得曲线上另一点 $N(x_0 + \Delta x, y_0 + \Delta y)$.

由图 4-6 可知，$MQ = \Delta x$，$QN = \Delta y$，过点 M 作曲线的切线 MT，切线倾角为 α，则

$$QP = MQ \cdot \tan\alpha = \Delta x \cdot f'(x_0)，\text{即 } dy = QP.$$

由此可见，当 Δy 是曲线 $y = f(x)$ 上点的纵坐标的增量时，dy 就是曲线的切线上点的纵坐标的相应增量. 当 $|\Delta x|$ 很小时，$|\Delta y - dy|$ 比 $|\Delta x|$ 小得多，因此在点 M 的邻近处，可用切线段来近似代替曲线段.

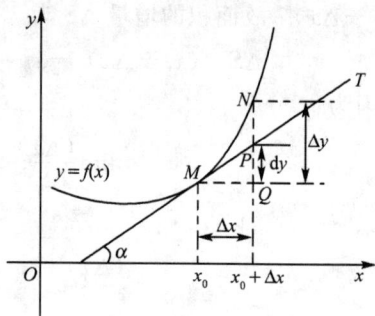

图 4-6

4.3.3 基本初等函数的微分公式与微分运算法则

计算函数微分 $dy = f'(x)dx$，只要把 $f(x)$ 导数计算出来，再乘 dx 就可以了，因此很容易得到微分公式及其运算法则.

1. 基本初等函数微分公式

(1) $d(x^\mu) = \mu x^{\mu-1} dx$；

(2) $d(\sin x) = \cos x dx$；

(3) $d(\cos x) = -\sin x dx$；

(4) $d(\tan x) = \sec^2 x dx$；

(5) $d(\cot x) = -\csc^2 x dx$；

(6) $d(\sec x) = \sec x \tan x dx$；

(7) $d(\csc x) = -\csc x \cot x dx$；

(8) $d(a^x) = a^x \ln a dx$；

(9) $d(e^x) = e^x dx$；

(10) $d(\log_a x) = \dfrac{1}{x \ln a} dx$；

(11) $d(\ln x) = \dfrac{1}{x} dx$；

(12) $d(\arcsin x) = \dfrac{1}{\sqrt{1-x^2}} dx$；

(13) $d(\arccos x) = -\dfrac{1}{\sqrt{1-x^2}} dx$；

(14) $d(\arctan x) = \dfrac{1}{1+x^2} dx$；

(15) $d(\text{arccot} x) = -\dfrac{1}{1+x^2} dx$.

2. 函数和、差、积、商的微分法则

(1) $d(u \pm v) = du \pm dv$；

(2) $d(Cu) = Cdu$（C 为常数）；

(3) $d(uv) = vdu + udv$；

(4) $d\left(\dfrac{u}{v}\right) = \dfrac{vdu - udv}{v^2}$（$v \neq 0$）.

3. 复合函数的微分法则

设函数 $y = f(u)$ 及 $u = \varphi(x)$ 都可微，则复合函数 $y = f[\varphi(x)]$ 的微分为

$$dy = y' dx = f'(u) \varphi'(x) dx，$$

由于 $\varphi'(x)dx = du$，所以复合函数 $y = f[\varphi(x)]$ 的微分公式也可写为

$$dy = f'(u) du.$$

这表明，无论 u 是自变量还是另一个变量的可微函数，微分形式 $dy = f'(u)du$ 保持不变，这一性质称为微分形式不变性.

【例 3】　设 $y = \cos \sqrt{x}$，求 $\mathrm{d}y$.

解　$\mathrm{d}y = (\cos \sqrt{x})' \mathrm{d}x = \dfrac{-\sin \sqrt{x}}{2\sqrt{x}} \mathrm{d}x$.

【例 4】　设 $y = \ln(1 + \mathrm{e}^{x^2})$，求 $\mathrm{d}y$.

解　$\mathrm{d}y = \dfrac{1}{1 + \mathrm{e}^{x^2}} \mathrm{d}(1 + \mathrm{e}^{x^2}) = \dfrac{\mathrm{e}^{x^2}}{1 + \mathrm{e}^{x^2}} \mathrm{d}x^2 = \dfrac{2x\mathrm{e}^{x^2}}{1 + \mathrm{e}^{x^2}} \mathrm{d}x$.

【例 5】　设 $y = \mathrm{e}^{1-3x} \sin x$，求 $\mathrm{d}y$.

解　$\mathrm{d}y = \sin x \mathrm{d}(\mathrm{e}^{1-3x}) + \mathrm{e}^{1-3x} \mathrm{d}\sin x = \sin x \mathrm{e}^{1-3x} \mathrm{d}(1-3x) + \mathrm{e}^{1-3x} \cos x \mathrm{d}x$
$\qquad = \mathrm{e}^{1-3x}(\cos x - 3\sin x)\mathrm{d}x$.

【例 6】　在下列等式的括号中填入适当函数，使等式成立.

(1) $\mathrm{d}($ 　　 $) = x \mathrm{d}x$;　　　　(2) $\mathrm{d}($ 　　 $) = \cos \omega t \mathrm{d}t$.

解　(1) $\mathrm{d}\left(\dfrac{x^2}{2}\right) = x\mathrm{d}x$.

(2) $\mathrm{d}\left(\dfrac{1}{\omega} \sin \omega t + c\right) = \cos \omega t \mathrm{d}t$.

4.3.4　近似计算

若函数 $y = f(x)$ 在点 x_0 处导数 $f'(x_0) \neq 0$，且当 $|\Delta x|$ 很小时，有

$$\Delta y = f(x_0 + \Delta x) - f(x_0) \approx \mathrm{d}y = f'(x_0)\Delta x \tag{1}$$

或

$$f(x_0 + \Delta x) \approx f(x_0) + f'(x_0)\Delta x. \tag{2}$$

若在(1)中令 $x_0 + \Delta x = x$，上式可写为

$$f(x) \approx f(x_0) + f'(x_0)(x - x_0). \tag{3}$$

如果当 $f(x_0)$ 与 $f'(x_0)$ 容易计算时，那么可利用式(1)来近似计算 Δy，利用式(2)近似计算 $f(x_0 + \Delta x)$，利用式(3)近似计算 $f(x)$.

注意：用上面式子作近似计算时，要求在点 x_0 很小邻域内，即 $|\Delta x|$ 很小.

从几何上看就是用曲线在点 $(x_0, f(x_0))$ 处切线近似代替该曲线.

【例 7】　有一批半径为 1 cm 的球，为了提高球面的光洁度，要镀上一层铜，厚度定为 0.01 cm，估计一下每只球需用铜多少克？（铜的密度为 8.9 g/cm³）

解　先求出镀层体积，再乘上密度就得到每只球用铜的质量.

因为球的体积为 $V = \dfrac{4}{3}\pi R^3$，当球的半径 R 从 $R_0 = 1$ cm 增加了 $\Delta R = 0.01$ cm 时，V 增加 $\Delta V \approx \mathrm{d}V$，所以

$$\Delta V \approx \left(\dfrac{4}{3}\pi R^3\right)'\Big|_{R=1} \times \Delta R = 4\pi \times 1^2 \times 0.01 = 0.13 \ (\mathrm{cm})^3,$$

需要的铜约为 $0.13 \times 8.9 = 1.16(\mathrm{g})$.

【例 8】　利用微分计算 $\sin 30°30'$ 的近似值.

解　把 $30°30'$ 化为弧度，得 $30°30' = \dfrac{\pi}{6} + \dfrac{\pi}{360}$，$x_0 = \dfrac{\pi}{6}$，$\Delta x = \dfrac{\pi}{360}$，因为是求正弦函数

值,所以设函数 $f(x)=\sin x$,则 $f'(x)=\cos x$.

$$\sin 30°30' = \sin\left(\frac{\pi}{6}+\frac{\pi}{360}\right) \approx \sin\frac{\pi}{6}+\cos\frac{\pi}{6}\cdot\frac{\pi}{360} = \frac{1}{2}+\frac{\sqrt{3}}{2}\cdot\frac{\pi}{360}$$

$$\approx 0.500\,0+0.007\,6 = 0.507\,6.$$

在公式 $f(x)\approx f(x_0)+f'(x_0)(x-x_0)$ 中,令 $x_0=0$,得公式

$$f(x)\approx f(0)+f'(0)x.$$

下面利用公式 $f(x)\approx f(0)+f'(0)x$ 推出以下几个常用的近似公式(设 $|x|$ 是较小的数):

(1) $\sqrt[n]{1+x}\approx 1+\dfrac{1}{n}x$;　　　　(2) $\sin x\approx x$;　　　　(3) $\tan x\approx x$;

(4) $e^x\approx 1+x$;　　　　(5) $\ln(1+x)\approx x$.

【例 9】 求 $\sqrt[3]{65}$ 的近似值.

解　$\sqrt[3]{65}=\sqrt[3]{64+1}=4\cdot\sqrt[3]{1+\dfrac{1}{64}}\approx 4\left(1+\dfrac{1}{3}\cdot\dfrac{1}{64}\right)\approx 4.021.$

习题 4-3

1. 求下列函数的微分.

(1) $y=x^2+\sin^2 x-3x+4$;　　　　　　(2) $y=x\ln x-x^2$;

(3) $y=(\arccos x)^2-1$;　　　　　　　(4) $y=x\arctan x$;

(5) $y=2^{-\frac{1}{\cos x}}$;　　　　　　　　(6) $y=(e^x+e^{-x})^3$;

(7) $y=1+xe^x$;　　　　　　　　　　(8) $y=x+\ln x$.

2. 在下列各括号中填入一个函数,使各等式成立.

(1) $3x^2\mathrm{d}x=\mathrm{d}(\quad)$;　　　　　　(2) $\dfrac{1}{1+x^2}\mathrm{d}x=\mathrm{d}(\quad)$;

(3) $2\cos 2x\mathrm{d}x=\mathrm{d}(\quad)$;　　　　　(4) $\dfrac{1}{x-1}\mathrm{d}x=\mathrm{d}(\quad)$;

(5) $\ln x\cdot\dfrac{1}{x}\mathrm{d}x=\mathrm{d}(\quad)$;　　　　(6) $\sqrt{a+bx}\,\mathrm{d}x=\mathrm{d}(\quad)$;

(7) $\dfrac{1}{x^2}\mathrm{d}x=\mathrm{d}(\quad)$;　　　　　　(8) $2xe^{-2x^2}\mathrm{d}x=\mathrm{d}(\quad)$.

3. 计算 $\sqrt{1.05}$ 的近似值.

总复习题四

一、单项选择题

1. 设 $f'(0)=2$,则 $\lim\limits_{x\to 0}\dfrac{f(x)-f(-x)}{x}$ 的值为(　　).

A. 1　　　　　　B. 2　　　　　　C. 0　　　　　　D. 4

2. 设函数 $f(x)=e^{2x-1}$,则 $f''(0)$ 的值为(　　).

A. 0　　　　　　　　B. e^{-1}　　　　　　　C. $4e^{-1}$　　　　　　　D. e

3. 过曲线 $y = x\ln x$ 上点 M_0 的切线平行于直线 $y = 2x$,则切点 M_0 的坐标是(　　).

A. (1,0)　　　　B. (e,0)　　　　C. (e,1)　　　　D. (e,e)

4. 设 $y = \cos e^x$,则 dy 等于(　　).

A. $-e^x \sin e^x dx$　　　B. $-e^x \sin e^x$　　　C. $e^x \sin e^x dx$　　　D. $-\sin e^x dx$

5. 函数 $y = f(x)$ 在点 x_0 处可导是它在 x_0 处连续的(　　).

A. 充分必要条件　　　　　　　　　B. 必要条件

C. 充分条件　　　　　　　　　　　D. 以上都不对

6. 设 $f^{(4)}(x) = x^2 + \ln x$,则 $f^{(6)}(x) = ($　　$)$.

A. $2 - \dfrac{1}{x^2}$　　　　B. $2 + \dfrac{1}{x^2}$　　　　C. $\dfrac{1}{x^2}$　　　　D. $-\dfrac{1}{x^2}$

7. 若 $f(x) = \begin{cases} e^{ax}, & x < 0 \\ b + \sin 2x, & x \geqslant 0 \end{cases}$ 在 $x = 0$ 处可导,则 a, b 的值应为(　　).

A. $a = 2, b = 1$　　　B. $a = 1, b = 2$　　　C. $a = -2, b = 1$　　　D. $a = 2, b = -1$

二、填空题

1. 若 $f(u)$ 可导,则函数 $y = f(\sin \sqrt{x})$ 的微分为_____.

2. 设 $y = x^2 e^x$,则 $y^{(6)}\big|_{x=0} = $_____.

3. 曲线 $y = \arctan 2x$ 在点 $(0,0)$ 处的法线方程为_____.

4. 作变速直线运动物体的运动方程为 $s(t) = t^2 + 2t$,则其运动速度为 $v(t) = $ _____,加速度为 $a(t) = $_____.

三、解答题

1. 设函数 $\varphi(u)$ 可微,求函数 $y = \ln[\varphi^2(\sin x)]$ 的微分 dy.

2. 设 $\dfrac{d}{dx} f(x^2) = \dfrac{1}{x}$,求 $f'(x)$.

3. 设 $y = f\left(\dfrac{3x-2}{5x+2}\right)$,且 $f'(x) = \arctan x^2$,求 $\dfrac{dy}{dx}\bigg|_{x=0}$.

4. 设 $f(x)$ 在点 $x = 0$ 处连续,且 $\lim\limits_{x\to 0} \dfrac{f(x)}{x} = A$($A$ 为常数),证明 $f(x)$ 在点 $x = 0$ 处可导.

5. 某公司生产一种新型游戏程序,假设能全部售出,收入函数为 $R = 36x - \dfrac{x^2}{20}$,其中 x 为公司一天的产量,如果公司每天的产量从 250 增加到 260,请估计公司每天收入的增加量.

第5章

导数的应用

前一章我们已经学习了导数和微分的概念及其求法,本章中,我们将应用导数来研究函数及其曲线的某些性态,并利用这些知识解决一些实际问题.

5.1 微分中值定理

微分中值定理是导数应用的理论基础,它揭示了函数在某区间的整体性质与在该区间内部某一点的导数之间的关系,在实际应用中也有着重要的作用.

5.1.1 罗尔定理

定理1 (罗尔定理)如果函数 $y=f(x)$ 满足:

(1)在闭区间 $[a,b]$ 上连续;

(2)在开区间 (a,b) 内可导;

(3)在区间端点处的函数值相等,即 $f(a)=f(b)$.

则在 (a,b) 内至少存在一点 $\xi \in (a,b)$,使得 $f'(\xi)=0$.

几何意义:如果光滑曲线 $y=f(x)$ ($x \in [a,b]$)的两个端点 A 和 B 等高(即直线 AB 是水平的),则曲线弧 $\overgroup{AB}$ 上至少存在一点 C,在该点处曲线的切线平行于 x 轴,如图 5-1 所示.

【例1】 验证函数 $f(x)=x^2-2x+2$ 在区间 $[-1,3]$ 上满足罗尔定理的条件,并求出罗尔定理结论中的 ξ 的值.

解 显然 $f(x)=x^2-2x+2$ 在区间 $[-1,3]$ 上连续,在区间 $(-1,3)$ 内可导,且 $f(-1)=f(3)=5$,$f'(x)=2x-2$.

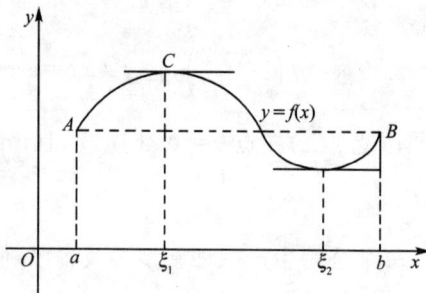

图 5-1

由罗尔定理可知,存在一点 $\xi \in (-1,3)$,使得 $f'(\xi)=2\xi-2=0$,因此 $\xi=1$.

5.1.2 拉格朗日中值定理

由于罗尔定理的条件(3) $f(a)=f(b)$ 相当特殊,在实际应用中有时不能满足,使得其应用受到一定的限制,如果将该条件去掉,仍保留其余两个条件,并相应地改变结论,就得到微分学中十分重要的拉格朗日中值定理.

定理 2　(拉格朗日中值定理)如果函数 $y=f(x)$ 满足：

(1)在闭区间 $[a,b]$ 上连续；

(2)在开区间 (a,b) 内可导.

则在 (a,b) 内至少存在一点 $\xi \in (a,b)$，使得 $f(b)-f(a)=f'(\xi)(b-a)$.

几何意义：上式也可改写为 $f'(\xi)=\dfrac{f(b)-f(a)}{b-a}$，等式右端为弦 AB 的斜率，于是在区间 $[a,b]$ 上连续且除端点外处处有不垂直于 x 轴的切线的曲线上，至少存在一点 C，使得过点 C 的切线平行于弦 AB，如图5-2所示.

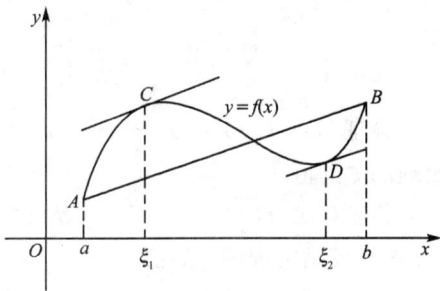

图 5-2

注：当 $f(a)=f(b)$ 时，拉格朗日中值定理变为罗尔定理，即罗尔定理是拉格朗日中值定理的特例，拉格朗日中值定理是罗尔定理的推广.

推论 1　若函数 $f(x)$ 在区间 I 上的导数恒为零，则 $f(x)$ 在区间 I 上是一个常数.

推论 2　若函数 $f(x)$ 与 $g(x)$ 在区间 I 上恒有 $f'(x)=g'(x)$，则在区间 I 上有 $f(x)=g(x)+C$(C 为常数).

【例2】　验证 $f(x)=x^2$ 在区间 $[1,2]$ 上满足拉格朗日中值定理，并求出满足定理的 ξ 的值.

证明　$f'(x)=2x$，故 $f(x)=x^2$ 在区间 $[1,2]$ 上连续，在区间 $(1,2)$ 内可导，所以由拉格朗日中值定理得，存在一点 $\xi \in (1,2)$，使得 $\dfrac{f(2)-f(1)}{2-1}=f'(\xi)$. 即 $3=2\xi$，故 $\xi=\dfrac{2}{3}$.

【例3】　证明 $\arcsin x+\arccos x=\dfrac{\pi}{2}(-1 \leqslant x \leqslant 1)$.

证明　设 $f(x)=\arcsin x+\arccos x$，$x \in [-1,1]$，则

$$f'(x)=\frac{1}{\sqrt{1+x^2}}+\left(-\frac{1}{\sqrt{1+x^2}}\right)=0.$$

所以 $f(x)=C$.

任取一点 $x \in [-1,1]$，如 $x=0$，则 $f(0)=0+\dfrac{\pi}{2}=\dfrac{\pi}{2}$.

故 $C=\dfrac{\pi}{2}$. 从而 $\arcsin x+\arccos x=\dfrac{\pi}{2}$.

5.1.3　柯西中值定理

定理 3　(柯西中值定理)若 $f(x)$ 及 $g(x)$ 满足下列条件：

(1)在闭区间 $[a,b]$ 上连续；

(2)在开区间 (a,b) 内可导；

(3)在开区间 (a,b) 内 $g'(x) \neq 0$.

则在 (a,b) 内至少存在一点 $\xi \in (a,b)$，使得 $\dfrac{f(b)-f(a)}{g(b)-g(a)} = \dfrac{f'(\xi)}{g'(\xi)}$.

注：在该定理中取 $f(x)=x$，则柯西中值定理可写成 $\dfrac{f(b)-f(a)}{b-a} = \dfrac{f'(\xi)}{1}$.

显然成了拉格朗日中值定理，因此柯西中值定理是拉格朗日中值定理的推广.

习题 5-1

1. 验证函数 $f(x)=4x^3-5x^2+x-2$ 在区间 $[0,1]$ 上满足罗尔定理的条件，并求出满足定理的 ξ 的值.

2. 验证函数 $f(x)=x^3-5x^2+x-2$ 在区间 $[-1,0]$ 上满足拉格朗日中值定理的条件，并求出满足定理的 ξ 的值.

3. 验证函数 $f(x)=x^3$，$g(x)=x^2+1$ 在区间 $[1,2]$ 上满足柯西中值定理的条件，并求出满足定理的 ξ 的值.

5.2　洛必达法则

求极限的问题大致分为两类：一类为可定型，前面已解决，若当 $x \to a$（或 $x \to \infty$）时，函数 $f(x)$ 和 $g(x)$ 都趋于零（或无穷大），则极限 $\lim\limits_{x \to a}\dfrac{f(x)}{g(x)}$ $\left(\text{或} \lim\limits_{x \to \infty}\dfrac{f(x)}{g(x)}\right)$ 可能存在，也可能不存在. 通常将这样的极限称作未定式，记作 $\dfrac{0}{0}$ 型或 $\dfrac{\infty}{\infty}$ 型. 这类极限，即使存在也不能用"商的极限等于极限的商"这一法则，而洛必达法则是求解未定式的一种简便的方法.

洛必达法则是利用柯西中值定理，用导数作为工具，通过对分子、分母分别求导来计算未定式的极限的一种方法，适用于以下两种未定式的极限：$\dfrac{0}{0}$ 型，$\dfrac{\infty}{\infty}$ 型.

5.2.1　$\dfrac{0}{0}$ 型未定式

定理 1　如果 $f(x)$ 与 $g(x)$ 满足下列条件：

(1) $\lim\limits_{x \to x_0} f(x)=0$，$\lim\limits_{x \to x_0} g(x)=0$；

(2) 在点 x_0 的某一邻域（x_0 点可除外）内，$f'(x)$ 与 $g'(x)$ 都存在，且 $g'(x) \neq 0$；

(3) $\lim\limits_{x \to x_0}\dfrac{f'(x)}{g'(x)}=A$（或 ∞）.

则 $\lim\limits_{x \to x_0}\dfrac{f(x)}{g(x)} = \lim\limits_{x \to x_0}\dfrac{f'(x)}{g'(x)}=A$（或 ∞）.

注：(1) 如果 $\lim\limits_{x \to x_0}\dfrac{f'(x)}{g'(x)}$ 仍为 $\dfrac{0}{0}$ 型未定式，只要还满足定理 1 的条件，那么可以继续用洛必达法则，即有：

$$\lim_{x \to x_0}\frac{f(x)}{g(x)} = \lim_{x \to x_0}\frac{f'(x)}{g'(x)} = \lim_{x \to x_0}\frac{f''(x)}{g''(x)};$$

（2）若极限过程换成 $x \to x_0^+$，$x \to x_0^-$，$x \to \infty$，$x \to +\infty$，$x \to -\infty$，定理 1 也成立；

（3）利用洛必达法则求未定式的极限时，要注意与其他方法结合（比如等价无穷小替换）.

【例 1】 求 $\lim\limits_{x \to 0} \dfrac{\sin x}{x}$.

解 当 $x \to 0$ 时，$\sin x \to 0$，$x \to 0$，这是 $\dfrac{0}{0}$ 型. 所以

$$\lim_{x \to 0} \frac{\sin x}{x} = \lim_{x \to 0} \frac{\cos x}{1} = 1.$$

【例 2】 求 $\lim\limits_{x \to \frac{\pi}{2}} \dfrac{\cos x}{x - \frac{\pi}{2}}$.

解 当 $x \to \dfrac{\pi}{2}$ 时，$\cos x \to 0$，$x - \dfrac{\pi}{2} \to 0$，这是 $\dfrac{0}{0}$ 型. 所以

$$\lim_{x \to \frac{\pi}{2}} \frac{\cos x}{x - \frac{\pi}{2}} = \lim_{x \to \frac{\pi}{2}} \frac{-\sin x}{1} = -1.$$

【例 3】 求 $\lim\limits_{x \to 0} \dfrac{e^x - 1}{x^2 - x}$.

解 当 $x \to 0$ 时，$e^x - 1 \to 0$，$x^2 - x \to 0$，这是 $\dfrac{0}{0}$ 型. 所以

$$\lim_{x \to 0} \frac{e^x - 1}{x^2 - x} = \lim_{x \to 0} \frac{e^x}{2x - 1} = -1.$$

【例 4】 求 $\lim\limits_{x \to 0} \dfrac{\ln(1 + x)}{x^2}$.

解 当 $x \to 0$ 时，$\ln(1 + x) \to 0$，$x^2 \to 0$，这是 $\dfrac{0}{0}$ 型. 所以

$$\lim_{x \to 0} \frac{\ln(1 + x)}{x^2} = \lim_{x \to 0} \frac{\frac{1}{1 + x}}{2x} = \infty.$$

【例 5】 求 $\lim\limits_{x \to 0} \dfrac{x - \sin x}{x^3}$.

解 当 $x \to 0$ 时，$x - \sin x \to 0$，$x^3 \to 0$，这是 $\dfrac{0}{0}$ 型. 所以

$$\lim_{x \to 0} \frac{x - \sin x}{x^3} = \lim_{x \to 0} \frac{1 - \cos x}{3x^2} = \lim_{x \to 0} \frac{\sin x}{6x} = \lim_{x \to 0} \frac{\cos x}{6} = \frac{1}{6}.$$

5.2.2 $\dfrac{\infty}{\infty}$ 型未定式

定理 2 如果 $f(x)$ 与 $g(x)$ 满足下列条件：

（1）$\lim\limits_{x \to x_0} f(x) = \infty$，$\lim\limits_{x \to x_0} g(x) = \infty$；

（2）在点 x_0 的某一邻域（x_0 点可除外）内，$f'(x)$ 与 $g'(x)$ 都存在，且 $g'(x) \neq 0$；

$(3)\lim\limits_{x\to x_0}\dfrac{f'(x)}{g'(x)}=A$（或$\infty$）.

则$\lim\limits_{x\to x_0}\dfrac{f(x)}{g(x)}=\lim\limits_{x\to x_0}\dfrac{f'(x)}{g'(x)}=A$（或$\infty$）.

注：(1)定理 2 和定理 1 一样，也可以接连应用好几次，只要 f'、g'、f''、g'' 等满足定理的条件.

(2)若极限过程换成 $x\to x_0^+$，$x\to x_0^-$，$x\to\infty$，$x\to+\infty$，$x\to-\infty$，定理 2 也成立.

【例 6】 求 $\lim\limits_{x\to+\infty}\dfrac{x^2}{\ln x}$.

解 当 $x\to+\infty$ 时，$x^2\to+\infty$，$\ln x\to+\infty$，这是 $\dfrac{\infty}{\infty}$ 型. 所以

$$\lim_{x\to+\infty}\frac{x^2}{\ln x}=\lim_{x\to+\infty}\frac{2x}{\dfrac{1}{x}}=\lim_{x\to+\infty}2x^2=+\infty.$$

【例 7】 求 $\lim\limits_{x\to+\infty}\dfrac{x^3}{e^x}$.

解 当 $x\to+\infty$ 时，$x^3\to+\infty$，$e^x\to+\infty$，这是 $\dfrac{\infty}{\infty}$ 型. 所以

$$\lim_{x\to+\infty}\frac{x^3}{e^x}=\lim_{x\to+\infty}\frac{3x^2}{e^x}=\lim_{x\to+\infty}\frac{6x}{e^x}=\lim_{x\to+\infty}\frac{6}{e^x}=0.$$

【例 8】 求 $\lim\limits_{x\to0^+}\dfrac{\ln\sin3x}{\ln\sin x}$.

解 当 $x\to0^+$ 时，$3x\to0^+$，$\sin3x\to0^+$，$\ln\sin3x\to-\infty$，$\ln\sin x\to-\infty$，这是 $\dfrac{\infty}{\infty}$ 型. 所以

$$\lim_{x\to0^+}\frac{\ln\sin3x}{\ln\sin x}=\lim_{x\to0^+}\frac{\dfrac{1}{\sin3x}\cdot\cos3x\cdot3}{\dfrac{1}{\sin x}\cdot\cos x\cdot1}=\lim_{x\to0^+}\frac{3\sin x}{\sin3x}\cdot\frac{\cos3x}{\cos x}=\lim_{x\to0^+}\frac{3\cos x}{3\cos3x}=1.$$

5.2.3　其他未定式极限的计算

对 $0\cdot\infty$，$\infty-\infty$，0^0，1^∞，∞^0 型未定式，可转化为 $\dfrac{0}{0}$ 型或 $\dfrac{\infty}{\infty}$ 型未定式.

1. $0\cdot\infty$ 型

步骤：$0\cdot\infty\Rightarrow\dfrac{1}{\infty}\cdot\infty$ 或 $0\cdot\infty\Rightarrow0\cdot\dfrac{1}{0}$.

【例 9】 求 $\lim\limits_{x\to0^+}x^2\ln x$.

解 $\lim\limits_{x\to0^+}x^2\ln x=\lim\limits_{x\to0^+}\dfrac{\ln x}{\dfrac{1}{x^2}}=\lim\limits_{x\to0^+}\dfrac{\dfrac{1}{x}}{-\dfrac{2}{x^3}}=\lim\limits_{x\to0^+}\left(-\dfrac{x^2}{2}\right)=0.$

2. $\infty-\infty$ 型

步骤：$\infty-\infty\Rightarrow\dfrac{1}{0}-\dfrac{1}{0}\Rightarrow\dfrac{0-0}{0\cdot0}$.

【例 10】 求 $\lim\limits_{x\to 0}\left(\dfrac{1}{\sin x}-\dfrac{1}{x}\right)$.

解 $\lim\limits_{x\to 0}\left(\dfrac{1}{\sin x}-\dfrac{1}{x}\right)=\lim\limits_{x\to 0}\dfrac{x-\sin x}{x\cdot\sin x}=\lim\limits_{x\to 0}\dfrac{x-\sin x}{x^2}=\lim\limits_{x\to 0}\dfrac{1-\cos x}{2x}=\lim\limits_{x\to 0}\dfrac{\sin x}{2}=0.$

3. $0^0,1^\infty,\infty^0$ 型

步骤:$\left.\begin{matrix}0^0\\1^\infty\\\infty^0\end{matrix}\right\}\xrightarrow{\text{取对数}}\left\{\begin{matrix}0\cdot\ln0\\\infty\cdot\ln1\\0\cdot\ln\infty\end{matrix}\right.\Rightarrow0\cdot\infty$

【例 11】 求 $\lim\limits_{x\to 0^+}x^x$.

解　方法 1 $\lim\limits_{x\to 0^+}x^x=\lim\limits_{x\to 0^+}e^{x\ln x}=e^{\lim\limits_{x\to 0^+}\frac{\ln x}{\frac{1}{x}}}=e^{\lim\limits_{x\to 0^+}\frac{\frac{1}{x}}{-\frac{1}{x^2}}}=e^0=1.$

方法 2 设 $y=x^x$,两边取对数,得 $\ln y=x\ln x$. 所以

$$\lim\limits_{x\to 0^+}\ln y=\lim\limits_{x\to 0^+}\dfrac{\ln x}{\frac{1}{x}}=\lim\limits_{x\to 0^+}\dfrac{\frac{1}{x}}{-\frac{1}{x^2}}=-\lim\limits_{x\to 0^+}x=0.$$

所以

$$\lim\limits_{x\to 0^+}x^x=\lim\limits_{x\to 0^+}y=\lim\limits_{x\to 0^+}e^{\ln y}=e^{\lim\limits_{x\to 0^+}\ln y}=e^0=1.$$

【例 12】 求 $\lim\limits_{x\to 0}(1-\sin2x)^{\frac{1}{x}}$.

解 当 $x\to 0$ 时,$1-\sin2x\to 1$,$\dfrac{1}{x}\to\infty$,这是 1^∞ 型. 所以

$$\lim\limits_{x\to 0}(1-\sin2x)^{\frac{1}{x}}=\lim\limits_{x\to 0}e^{\frac{1}{x}\ln(1-\sin2x)}=e^{\lim\limits_{x\to 0}\frac{\ln(1-\sin2x)}{x}}$$
$$=e^{\lim\limits_{x\to 0}\frac{\frac{-2\cos2x}{1-\sin2x}}{1}}=e^{-2}.$$

【例 13】 求 $\lim\limits_{x\to 0^+}(\cot x)^{\frac{1}{\ln x}}$.

解 $\lim\limits_{x\to 0^+}(\cot x)^{\frac{1}{\ln x}}=\lim\limits_{x\to 0^+}e^{\frac{1}{\ln x}\cdot\ln\cot x}=e^{\lim\limits_{x\to 0^+}\frac{\ln\cot x}{\ln x}}=e^{\lim\limits_{x\to 0^+}\frac{\frac{1}{\cot x}\cdot(-\csc^2x)}{\frac{1}{x}}}$
$$=e^{\lim\limits_{x\to 0^+}\frac{-x\sin x}{\cos x\cdot\sin^2x}}=e^{-1}.$$

习题 5-2

1.利用洛必达法则求下列极限.

(1) $\lim\limits_{x\to 0}\dfrac{\sin3x}{\tan5x}$;　　　　　(2) $\lim\limits_{x\to 0}\dfrac{e^x-e^{-x}}{x}$;

(3) $\lim\limits_{x\to 0}\dfrac{e^x-\cos x}{\sin x}$;　　　　(4) $\lim\limits_{x\to 0}\dfrac{a^x-b^x}{x}$;

(5) $\lim\limits_{x\to+\infty}\dfrac{e^x}{\ln x}$;

(6) $\lim\limits_{x\to 1}\dfrac{\ln x}{x-1}$;

(7) $\lim\limits_{x\to 0^+}\dfrac{\ln x}{\cot x}$;

(8) $\lim\limits_{x\to 0}\dfrac{\cos 3x-\cos x}{x^2}$.

2.求下列极限.

(1) $\lim\limits_{x\to 0}\left(\dfrac{1}{x}-\dfrac{1}{e^x-1}\right)$;

(2) $\lim\limits_{x\to\frac{\pi}{2}^+}(\sec x-\tan x)$;

(3) $\lim\limits_{x\to 0^+}x\cdot\ln\sin x$;

(4) $\lim\limits_{x\to+\infty}\dfrac{e^x}{x^2}$.

3.求下列极限.

(1) $\lim\limits_{x\to 0^+}x^{\sin x}$;

(2) $\lim\limits_{x\to 1}x^{\frac{1}{1-x}}$;

(3) $\lim\limits_{x\to 0^+}\left(\ln\dfrac{1}{x}\right)^x$;

(4) $\lim\limits_{x\to 0^+}(\cot x)^{\sin x}$.

5.3 函数的单调性与极值

5.3.1 函数单调性的判别法

在前面我们已经学习了函数的单调性,函数 $f(x)$ 在区间 (a,b) 内任取两点 x_1,x_2.若 $x_2>x_1$,有 $f(x_2)>f(x_1)$,则称函数 $f(x)$ 在 (a,b) 内单调增加;若 $x_2>x_1$,有 $f(x_2)<f(x_1)$,则称函数 $f(x)$ 在 (a,b) 内单调减少.

直观地从几何图形观察,如图 5-3 所示,若函数 $f(x)$ 在区间 (a,b) 内是单调增加的,则曲线在区间上每一点的切线与 x 轴的交角都是锐角,斜率大于零;若函数 $f(x)$ 在区间 (a,b) 内是单调减少的,则曲线在区间上每一点的切线与 x 轴的交角都是钝角,斜率小于零.由此可知,函数的单调性与其导数的符号有密切关系.

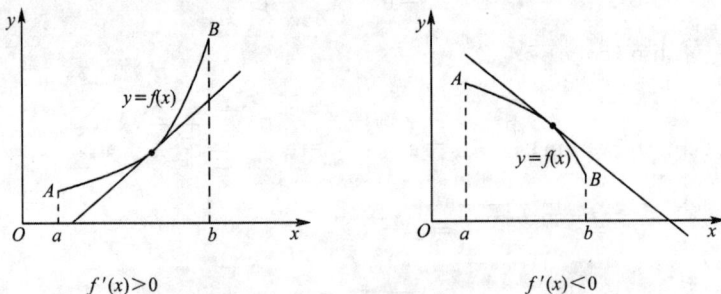

图 5-3

定理 1 设函数 $y=f(x)$ 在区间 $[a,b]$ 上连续,在 (a,b) 内可导.

(1)如果在 (a,b) 内 $f'(x)>0$,那么函数 $y=f(x)$ 在 $[a,b]$ 上单调增加;

(2)如果在 (a,b) 内 $f'(x)<0$,那么函数 $y=f(x)$ 在 $[a,b]$ 上单调减少.

证明 (1)设函数 $y=f(x)$ 在区间 (a,b) 内有 $f'(x)>0$,在区间内任取两点 x_1,x_2,且

$x_2 > x_1$，函数 $f(x)$ 在区间 (a,b) 内满足拉格朗日定理的条件，则有

$$\frac{f(x_2) - f(x_1)}{x_2 - x_1} = f'(\xi) > 0, x_1 < \xi < x_2,$$

即

$$\frac{f(x_2) - f(x_1)}{x_2 - x_1} > 0.$$

又 $x_2 > x_1$，所以 $f(x_2) > f(x_1)$，即 $f(x)$ 在 $[a,b]$ 上单调增加.

类似地可以得到定理第二条的证明.

注意：(1) 将定理 1 中区间 $[a,b]$ 换成其他各种区间(包括无穷区间)，定理结论仍成立.

(2) 判定一个函数 $f(x)$ 的单调区间的步骤是：

① 求导数 $f'(x)$，并求出 $f'(x)$ 等于 0(驻点)和不存在的点(尖点)；

② 求出的点作为 $f(x)$ 的定义域(自然定义域或指定定义域)的分界点，将 $f(x)$ 的定义域划分成若干个子区间；

③ 讨论 $f'(x)$ 在各子区间的符号，从而由定理 1 确定 $f(x)$ 在各子区间的单调性.

【例 1】　求 $f(x) = 2x^3 - 9x^2 + 12x - 3$ 的单调区间.

解　首先，由 $f'(x) = 6x^2 - 18x + 12 = 6(x-1)(x-2) = 0$，得 $x_1 = 1$ 和 $x_2 = 2$. 以 x_1、x_2 为分界点，将定义域 $(-\infty, +\infty)$ 分为三个子区间：$(-\infty, 1]$，$(1, 2)$，$[2, +\infty)$.

然后，讨论在上述三个子区间内 $f'(x)$ 的符号和 $f(x)$ 的单调性，结果列于下表：

x	$(-\infty, 1)$	$(1, 2)$	$(2, +\infty)$
$f'(x)$	$+$	$-$	$+$
$f(x)$	↗	↘	↗

由上表可知，函数 $f(x)$ 在区间 $(-\infty, 1]$ 和 $[2, +\infty)$ 内单调增加；在区间 $[1, 2]$ 内单调减少. $f(x)$ 的图像如图 5-4 所示：

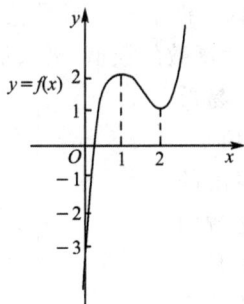

图 5-4

【例 2】　求函数 $y = e^x - x - 1$ 的单调区间.

解　首先，由 $y' = e^x - 1 = 0$，得 $x = 0$. 以 x 为分界点，将定义域 $(-\infty, +\infty)$ 分为两个子区间：$(-\infty, 0]$，$(0, +\infty)$.

然后，分别讨论在上述两个子区间内 $f'(x)$ 的符号和 $f(x)$ 的单调性，其结果列于下表：

x	$(-\infty,0)$	$(0,+\infty)$
$f'(x)$	$-$	$+$
$f(x)$	↘	↗

由上表可知,函数 $f(x)$ 在区间 $(-\infty,0]$ 内单调减少;在区间 $(0,+\infty)$ 内单调增加.

【例 3】 证明:当 $x>0$ 时,$\ln(1+x)<x$.

证明 作辅助函数 $f(x)=\ln(1+x)-x$,因为 $f(x)$ 在 $[0,+\infty)$ 上连续,在 $(0,+\infty)$ 内可导,且

$$f'(x)=\frac{1}{1+x}-1=\frac{-x}{1+x}.$$

当 $x>0$ 时,$f'(x)=\dfrac{-x}{1+x}<0$,又 $f(0)=0$,故当 $x>0$ 时,$f(x)<f(0)=0$.

所以 $\ln(1+x)<x$.

5.3.2 函数的极值与求法

在本节例 1 中,点 $x_1=1$ 和 $x_2=2$ 将函数 $f(x)$ 的定义域分为三个单调区间,由图 5-4 可知,从点 $x_1=1$ 的左侧到右侧,曲线 $y=f(x)$ 先升后降,点 $(1,f(1))$ 处是曲线的"峰顶",这说明,对点 $x_1=1$ 的某邻域内的点 $x\neq1$,恒有 $f(x)<f(1)$,通常称 $f(1)$ 为 $f(x)$ 的极大值,点 $x_1=1$ 为 $f(x)$ 的极大值点.类似地分析,点 $(2,f(2))$ 处于曲线 $y=f(x)$ 的"谷底",称 $f(2)$ 为 $f(x)$ 的极小值,点 $x_2=2$ 为 $f(x)$ 的极小值点.

一般地,有如下定义:

定义 设函数 $f(x)$ 在点 x_0 的某邻域 $U(x_0)$ 内有定义,如果对于去心邻域 $\mathring{U}(x_0)$ 内的任一点 x,有

$$f(x)<f(x_0)\ (\text{或}\ f(x)>f(x_0)),$$

则称 $f(x_0)$ 是 $f(x)$ 的一个极大值(或极小值),x_0 称为极大值点或极小值点.

函数的极大值和极小值统称为函数的极值,极大值点和极小值点统称为极值点.

观察图 5-5:由极值的定义容易看出,$x=x_1$,$x=x_4$,$x=x_6$ 为极小值点,$x=x_2$,$x=x_5$ 为极大值点,即高出的"峰顶"和低下去的"谷底"都是函数的极值.由此,我们还可以看出,极值是个局部概念,函数在 $x=x_6$ 处的极小值可以比在点 $x=x_2$ 处的极大值还大.

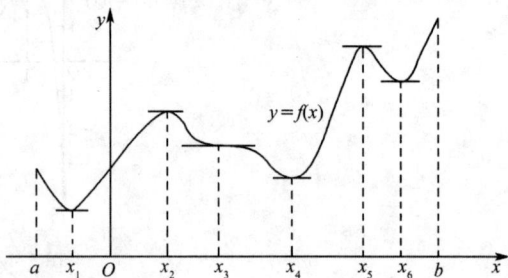

图 5-5

从图中还可以看出,在函数曲线光滑连续的区间,极值点 $x=x_1$,$x=x_2$,$x=x_5$,$x=x_6$ 处的切线均是水平的,即函数在极值点处若是可导的,其导数值应为零.这可作为求极值点的一个必要条件.

定理 2 (必要条件)设函数 $f(x)$ 在 x_0 处可导,且在 x_0 处取得极值,则 $f'(x_0)=0$.

证明　设 x_0 是极小值点，$x_0+\Delta x\in U(x_0)$．

当 $\Delta x>0$ 时，$x_0+\Delta x>x_0$ 时，$f(x_0+\Delta x)>f(x_0)$，则

$$\frac{f(x_0+\Delta x)-f(x_0)}{\Delta x}>0.$$

令 $\Delta x\rightarrow 0^+$，则

$$\lim_{\Delta x\rightarrow 0^+}\frac{f(x_0+\Delta x)-f(x_0)}{\Delta x}=f'_+(x_0)\geqslant 0;$$

当 $\Delta x<0$ 时，$x_0+\Delta x<x_0$ 时，$f(x_0+\Delta x)>f(x_0)$，则

$$\frac{f(x_0+\Delta x)-f(x_0)}{\Delta x}<0,$$

令 $\Delta x\rightarrow 0^-$，则

$$\lim_{\Delta x\rightarrow 0^-}\frac{f(x_0+\Delta x)-f(x_0)}{\Delta x}=f'_-(x_0)\leqslant 0.$$

又函数在 x_0 处导数存在，所以 $f'(x_0)=0$．

定理 2 说明，可导函数的极值点必是它的驻点．但反过来，函数的驻点不一定是极值点．例如，函数 $y=x^3$，在点 $x=0$ 处有 $f'(0)=0$，但 $x=0$ 不是函数的极值点．函数在自变量从左到右经过点 $x=0$ 的邻域内均是单调增加的，不存在极值，那么函数在连续可导的区间内怎么求极值点呢？

定理 3　(第一充分条件)设函数 $f(x)$ 在 x_0 处连续，且在 x_0 的某去心邻域 $\mathring{U}(x_0,\delta)$ 内可导，

(1)如果 $x\in(x_0-\delta,x_0)$ 时，有 $f'(x)>0$；而 $x\in(x_0,x_0+\delta)$ 时，有 $f'(x)<0$，则 $f(x)$ 在 x_0 处取得极大值．

(2)如果 $x\in(x_0-\delta,x_0)$ 时，有 $f'(x)<0$；而 $x\in(x_0,x_0+\delta)$ 时，有 $f'(x)>0$，则 $f(x)$ 在 x_0 处取得极小值．

(3)如果当 $x\in\mathring{U}(x_0,\delta)$ 时，$f'(x)$ 的符号保持不变，则 $f(x)$ 在 x_0 处没有极值．

证明　只证明极大值的情况．

函数 $f(x)$ 在 $(x_0-\delta,x_0)$ 内单调增加，在 $(x_0,x_0+\delta)$ 内单调减少，由于函数 $f(x)$ 在 x_0 处连续，故当 $x\in\mathring{U}(x_0,\delta)$ 时，总有 $f(x)<f(x_0)$，所以 $f(x_0)$ 是函数的一个极大值．

类似地可以证明极小值的情形．

【例 4】　求函数 $f(x)=\dfrac{x^4}{4}-\dfrac{2}{3}x^3+\dfrac{x^2}{2}+2$ 的极值．

解　函数 $f(x)$ 的定义域为 $(-\infty,+\infty)$，

$$f'(x)=x^3-2x^2+x=x\cdot(x-1)^2.$$

令 $f'(x)=0$，得驻点 $x_1=0,x_2=x_3=1$，其结果列于下表：

x	$(-\infty,0)$	0	$(0,1)$	1	$(1,+\infty)$
$f'(x)$	$-$	0	$+$	0	$+$
$f(x)$	↘	极小值	↗	非极值	↗

所以,函数 $f(x)$ 只有一个极小值 $f(0)=2$.

根据定理 3 可以求出函数在连续可导区间内的极值点,那么,函数在连续不可导点能否达到极值呢? 例如,函数 $y=|x|$,在 $x=0$ 处不可导,但 $x=0$ 时,函数有极小值 $y=0$.

综上所述,如果函数 $f(x)$ 在所讨论的区间内连续,除个别点外处处可导,则可以按下列步骤求 $f(x)$ 在该区间内的极值点和相应的极值:

(1)求 $f'(x)$;

(2)求出 $f(x)$ 的全部驻点和连续不可导点;

(3)用步骤(2)求出的点将函数定义域划分成多个区间,判断各区间内的单调性,确定各点是否是极值点.

【例 5】 求函数 $f(x)=(x-1)\sqrt[3]{x^2}$ 的极值.

解 函数 $f(x)$ 的定义域为 $(-\infty,+\infty)$,$x\neq 0$ 时,有

$$f'(x)=\sqrt[3]{x^2}+(x-1)\cdot\frac{2}{3}x^{-\frac{1}{3}}=\frac{5x-2}{3\cdot\sqrt[3]{x}}.$$

令 $f'(x)=0$,得 $x=\dfrac{2}{5}$;另外,$x=0$ 时,$f'(x)$ 不存在. 其结果列于下表:

x	$(-\infty,0)$	0	$\left(0,\dfrac{2}{5}\right)$	$\dfrac{2}{5}$	$(1,+\infty)$
$f'(x)$	$+$	不存在	$-$	0	$+$
$f(x)$	↗	极大值	↘	极小值	↗

所以,函数 $f(x)$ 的极大值为 $f(0)=0$;极小值为 $f\left(\dfrac{2}{5}\right)=-\dfrac{3}{5}\sqrt[3]{\dfrac{4}{25}}$.

当函数 $f(x)$ 在驻点处的二阶导数存在且不为零时,也可以利用下面的定理来判定 $f(x)$ 在驻点处取得极大值还是极小值.

定理 4 (第二充分条件)设函数 $f(x)$ 在 x_0 处具有二阶导数且 $f'(x_0)=0$,$f''(x_0)\neq 0$,

(1)当 $f''(x_0)<0$ 时,函数 $f(x)$ 在 x_0 处取得极大值;

(2)当 $f''(x_0)>0$ 时,函数 $f(x)$ 在 x_0 处取得极小值.

证明 只证明第一种情形.

由于 $f''(x_0)<0$,则由二阶导数的定义有

$$f''(x_0)=\lim_{x\to x_0}\frac{f'(x)-f'(x_0)}{x-x_0}<0.$$

根据函数极限的局部保号性,当 x 在 x_0 的足够小的去心邻域内时,

$$\frac{f'(x)-f'(x_0)}{x-x_0}<0.$$

由于 $f'(x_0)=0$,所以 $\dfrac{f'(x)}{x-x_0}<0$,即当 $x<x_0$ 时,$f'(x)>0$;当 $x>x_0$ 时,$f'(x)<0$. 所以,函数在点 x_0 处取得极大值.

类似地可以证明第二种情形.

此定理运用时应注意,如果函数在驻点处的二阶导数为零,则此定理失效,还得用一阶导数在驻点左右邻近的符号来判定.

【**例 6**】　求函数 $f(x)=(x^2-1)^3+1$ 的极值.

解　$f'(x)=6x(x^2-1)^2$.

令 $f'(x)=0$,求得驻点 $x_1=-1, x_2=0, x_3=1$.

又 $f''(x)=6(x^2-1)(5x^2-1)$,因 $f''(0)=6>0$,

故 $f(x)$ 在 $x=0$ 处取得极小值,极小值为 $f(0)=0$.

因 $f''(-1)=f''(1)=0$,故用定理 4 无法判别.考察一阶导数 $f'(x)$ 在驻点 $x_1=-1$ 及 $x_3=1$ 左右邻近的符号:

当 x 取 -1 左侧邻近的值时,$f'(x)<0$;当 x 取 -1 右侧邻近的值时,$f'(x)<0$;因为 $f'(x)$ 的符号没变,所以 $f'(x)$ 在 $x=-1$ 处没有极值.同理,$f'(x)$ 在 $x=1$ 处也没有极值.如图 5-6 所示.

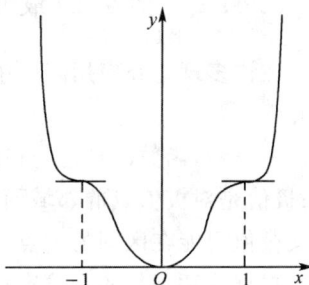

图 5-6

注意:(1)充分条件 1 与充分条件 2 都是充分条件,但二者应用时各有优缺点,充分条件 1 对驻点和导数不存在的点均适用;充分条件 2 用起来较方便,但对如下情况不适用:

①导数 $f'(x_0)$ 不存在;

②导数 $f'(x_0)$ 存在,但 $f''(x_0)$ 不存在;

③当 $f'(x_0)=0$,且 $f''(x_0)=0$ 时,x_0 是否为极值点不能确定,需作进一步判别.

(2)综合定理 2,3 和 4,求函数极值的步骤如下:

①求导数 $f'(x_0)$;

②由 $f'(x_0)=0$ 求出 $f(x)$ 的全部驻点;

③求出导数不存在的点;

④由充分条件 1 检验②、③中求出的各点是否为极值点;或由充分条件 2,检验②中驻点是否为极值点.(通常将此步结果用表格表示出来)

⑤求出函数在每个极值点处的极值.

习题 5-3

1.求下列函数的极值.

(1)$y=(x^2-3)e^x$;　　　　(2)$y=\sqrt{2+x-x^2}$;　　　　(3)$y=(x-1)\sqrt[3]{x^2}$.

2.利用二阶导数,判断下列函数的极值.

(1)$y=x^3-2x^2+7$;　　　(2)$y=x^3-3x^2-9x-5$;　　(3)$y=2e^x+e^{-x}$.

3.试问 a 为何值时,函数 $f(x)=a\sin x+\dfrac{1}{3}\sin 3x$ 在 $x=\dfrac{\pi}{3}$ 处取得极值?并求此极值.

5.4   函数的最值

5.4.1   函数的最值与求法

在许多理论和应用问题中,需要求一个函数在某区间上的最大值和最小值(统称为最值).

一般地,函数的最值与极值是两个不同的概念,最值是对整个区间而言的,是全局性的;极值是对极值点的邻域而言的,是局部性的.另外,最值可以在区间的端点取得,而按定义极值只能在区间的内点取得.

根据连续函数的最值定理,闭区间上的连续函数必能取得在该区间上的最大值 M 和最小值 m. 因此,根据前面的分析可知,求连续函数 $f(x)$ 在闭区间 $[a,b]$ 上最值的步骤如下:

(1)求出 $f(x)$ 在开区间 (a,b) 的驻点和导数不存在的点;

(2)计算 $f(x)$ 在驻点、导数不存在的点及端点 a 和 b 处的函数值;

(3)比较(2)中各函数值的大小,其中最大者为 $f(x)$ 在 $[a,b]$ 上的最大值,最小者为 $f(x)$ 在 $[a,b]$ 上的最小值.

【例1】   求函数 $f(x)=(x+1)(x-1)^{\frac{1}{3}}$ 在 $[-2,2]$ 上的最值.

解   求导数:

$$f'(x)=(x-1)^{\frac{1}{3}}+\frac{1}{3}(x+1)(x-1)^{-\frac{2}{3}}$$

$$=\frac{2}{3}(2x-1)(x-1)^{-\frac{2}{3}}.$$

令 $f'(x)=0$,得驻点 $x_1=\frac{1}{2}$;显然 $x_2=1$ 为导数不存在的点.

计算 $f(x)$ 在点 x_1、x_2 和区间 $[-2,2]$ 端点处的函数值:

$$f\left(\frac{1}{2}\right)=\frac{3}{2}\times\left(-\frac{1}{2}\right)^{\frac{1}{3}}\approx-1.19,f(1)=0,$$

$$f(-2)=3^{\frac{1}{3}}\approx1.44,f(2)=3.$$

经比较,$f(x)$ 在 $[-2,2]$ 上得最大值为 $f(2)=3$,最小值为 $f\left(\frac{1}{2}\right)\approx-1.19$.

求函数最值时,经常遇到仅有一个极值点的情形,对此有:

定理   设函数 $f(x)$ 在闭区间 $[a,b]$ 上连续,且 $f(x)$ 在开区间 (a,b) 内仅有一个极值点 x_0. 则当 x_0 是 $f(x)$ 的极大值点(极小值点)时,$f(x_0)$ 就是 $f(x)$ 在 $[a,b]$ 上的最大值(最小值),而 $f(x)$ 在 $[a,b]$ 上的最小值(最大值)将在 $[a,b]$ 的两个端点之一取得.

注意:(1)定理中的唯一极值点,可以是驻点,也可以是导数不存在的点. 例如,$f(x)=|x|$ 在 $[-1,1]$ 上有唯一的极小值点 $x_0=0$,根据定理,$f(0)=0$ 是 $|x|$ 在 $[-1,1]$ 上的最小值,但 $|x|$ 在 $x_0=0$ 处不可导.

(2)在求解实际极值问题时,经常会用到此定理.而且,定理中的闭区间改为其他形式的区间时,定理的结论仍成立.

5.4.2 实际应用问题举例

【例 2】 用同种材料做一个面积为 S 的无盖圆柱形桶,求桶容积最大时,桶高 h 与底半径 r 的关系.

解 桶容积为 $V=\pi r^2 h$.

因面积 $=\pi r^2+2\pi rh=S$ 为常数,解出

$$h=\frac{S-\pi r^2}{2\pi r} \tag{1}$$

将 h 代入 V,得 $V=\frac{\pi r^2(S-\pi r^2)}{2\pi r}=\frac{1}{2}r(S-\pi r^2)$.

于是,问题归结为求 $f(r)=r(S-\pi r^2)$ 在 $\left[0,\sqrt{\dfrac{S}{\pi}}\right]$ 上的最大值.

由 $f'(r)=S-3\pi r^2=0$,得唯一驻点 $r_0=\sqrt{\dfrac{S}{3\pi}}$. 因 $f''(r_0)=-6\pi r_0<0$,故 r_0 为极大值点,根据定理,该极大值点即为最大值点. 此时,将 $S=3\pi r_0^2$ 代入(1),得

$$h_0=\frac{3\pi r_0^2-\pi r_0^2}{2\pi r_0}=r_0.$$

这说明,当无盖圆柱形桶的高等于底半径时,容积最大.

实际问题中,往往根据问题的性质就可以断定可导函数 $f(x)$ 确有最大值或最小值,而且一定在区间内部取得.这时,如果 $f(x)$ 在定义区间内部只有一个驻点 x_0,那么,不必讨论 $f(x_0)$ 是不是极值,就可以断定 $f(x_0)$ 是最大值或最小值.

【例 3】 铁路线上 AB 段的距离为 100 km.工厂 C 距 A 处为 20 km,AC 垂直于 AB(图 5-7).为了运输需要,要在 AB 线上选定一点 D 向工厂修筑一条公路.已知铁路每公里货运的运费与公路上每公里货运的运费之比为 3∶5.为了使货物从供应站 B 运到工厂 C 的运费最省,问 D 点应选在何处?

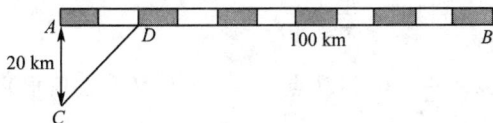

图 5-7

解 设 $AD=x$ km,那么 $DB=100-x$,$CD=\sqrt{20^2+x^2}=\sqrt{400+x^2}$.

出于铁路上每公里货运的运费与公路上每公里货运的运费之比为 3∶5,因此我们不妨设铁路上每公里的运费为 $3k$,公路上每公里的运费 $5k$(k 为某个正数,因它与本题的解无关,所以不必定出).设从 B 点到 C 点需要的总运费为 y,那么

$$y=5k\cdot CD+3k\cdot DB,$$

即

$$y=5k\sqrt{400+x^2}+3k(100-x)\quad(0\leqslant x\leqslant100).$$

现在,问题就归结为: x 在$[0,100]$内取何值时目标函数 y 的值最小.

先求 y 对 x 的导数: $y'=k\left(\dfrac{5x}{\sqrt{400+x^2}}-3\right)$,解方程 $y'=0$,得 $x=15(\text{km})$.

由于 $y|_{x=0}=400k$, $y|_{x=15}=380k$, $y|_{x=100}=500k\sqrt{1+\dfrac{1}{25}}$,其中以 $y|_{x=15}=380k$ 为最小. 因此,当 $AD=x=15$ km 时,总运费最省.

【例 4】 已知某商品的需求函数为 $Q=1\,200-60p$,总成本函数为 $C=1\,000+10Q$. 求使总利润最大的价格 p、需求量(销售量 Q)和最大总利润.

解 销售量为 Q 时的总收益为
$$R(p)=pq=1\,200p-60p^2,$$
于是,总利润为
$$\begin{aligned}L(p)&=R(p)-C(Q)\\&=1\,200p-60p^2-[1\,000+10(1\,200-60p)]\\&=-60p^2+1\,800p-13\,000,\end{aligned}$$
由 $L'(p)=-120p+1\,800=0$,得唯一驻点 $p_0=15$.

又由 $L''(p)=-120<0$ 可知,驻点 p_0 为极大值点,亦即最大值点. 因此当价格为 15 个单位时,总利润最大,最大总利润为 $L(15)=500$ 个单位,而总利润最大时的销售量为 $Q(15)=300$ 个单位.

【例 5】 假设某厂生产的产品年销售量(订货量)为 100 万件;这些产品分批生产,每批需生产准备费 1 000 元(与批量大小无关);每件产品的库存费为 0.05 元,且按批量 x 的一半$\left(\text{即}\dfrac{x}{2}\right)$收费. 试求使每年总库存费用(即生产准备费与库存费之和)为最小的最优批量(称为经济批量).

解 设每年的总库存费为 C,批量为 x,则
$$\begin{aligned}C=C(x)&=1\,000\times\frac{1\,000\,000}{x}+0.05\times\frac{x}{2}\\&=10^9\times\frac{1}{x}+\frac{x}{40}.\end{aligned}$$

由 $C'(x)=\dfrac{1}{40}-10^9\times\dfrac{1}{x^2}=0$,得驻点 $x_0=2\times10^5$(舍去负根).

由 $C''(x)=2\times10^9\times x^{-3}>0$,可知驻点 $x_0=2\times10^5$ 为最小值点. 因此,最优批量为 20 万件.

习题 5-4

1.求下列函数在给定区间上的最大值与最小值.

(1) $y=x^4-2x^2+5$, $x\in[-2,2]$;

(2) $y=\sin2x-x$, $x\in\left[-\dfrac{\pi}{2},\dfrac{\pi}{2}\right]$.

2.将边长为 $2a$ 的正方形纸板的四角各剪去一个边长相等的小正方形,然后将其做成一个无盖的纸盒.问剪去的小正方形边长为多少时,纸盒容积最大?

3.设某企业的总利润函数为 $L(x) = 10 + 2x - 0.1x^2$,求使总利润最大时的产量 x 以及最大总利润.

4.某种窗的形状为半圆置于矩形之上,若此窗的周长为定值 l,试确定半圆的半径 r 和矩形的高 h,使能通过的光线最充足.

5.一房地产公司有 50 套公寓要出租,当月租金定为 1 000 元时,公寓会全部租出去.当月租金每增加 50 元时,就会多一套公寓租不出去,而租出去的公寓每月需花费 100 元的维修费,试问房租定位多少可获得最大收入?

5.5 函数曲线的凹凸性与拐点

我们已经会用初等数学的方法研究一些函数的单调性和某些简单函数的性质,但这些方法使用范围较小,并且有些需要借助某些特殊的技巧,因而不具有一般性,本节将以导数为工具,介绍判断函数单调性和函数曲线的凹凸性的简单且具有一般性的方法.

5.5.1 函数曲线的凹凸性

对于一个函数,知道了它的单调性,还不能深刻了解图像的性态,如图 5-8 中有两条曲线弧,虽然它们都是单调上升的,图像却有显著的不同.$\overset{\frown}{ACB}$ 是向上凸的曲线弧,而 $\overset{\frown}{ADB}$ 是向上凹的曲线弧,即它们的凹凸性不同.下面我们就来研究曲线的凹凸性及其判定法.

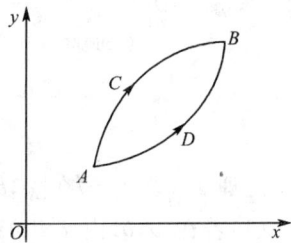

图 5-8

关于曲线凹凸性的定义,我们先从几何直观来分析.在图 5-9(a)中,如果任取两点 x_1, x_2,则连结这两点的弦总位于这两点间的弧段上方;而在图 5-9(b)中,则正好相反.因此,曲线的凹凸性可以用连结曲线弧上任意两点的弦的中点与曲线上相应点的位置关系来描述.下面给出曲线凹凸性的定义.

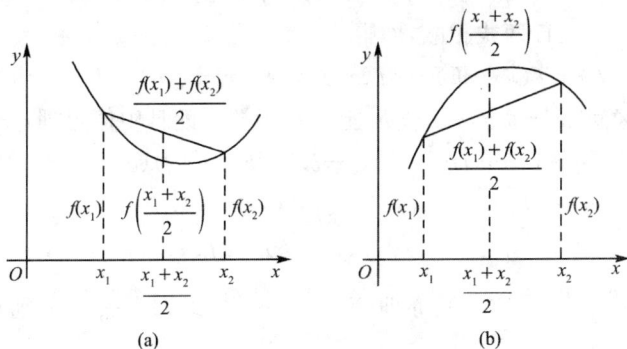

图 5-9

定义 1 设 $f(x)$ 在区间 I 上连续,如果对 I 上任意两点 x_1, x_2,恒有

$$f\left(\frac{x_1+x_2}{2}\right)<\frac{f(x_1)+f(x_2)}{2},$$

那么称 $f(x)$ 在 I 上的图像是（向上）凹的（或凹弧）；如果恒有

$$f\left(\frac{x_1+x_2}{2}\right)>\frac{f(x_1)+f(x_2)}{2},$$

那么称 $f(x)$ 在 I 上的图像是（向上）凸的（或凸弧）.

知道函数凹凸性的定义后，接下来的问题是如何确定一个函数曲线的凹凸性. 观察图 5-10(a)，可以看到凹弧上切线的斜率是随着 x 的增大而增大的，即 $f'(x)$ 是单调增函数，而图 5-10(b) 情况正好相反. 由导数的定义以及函数单调性的判别方法可知，可以利用二阶导数的符号来判定曲线的凹凸性.

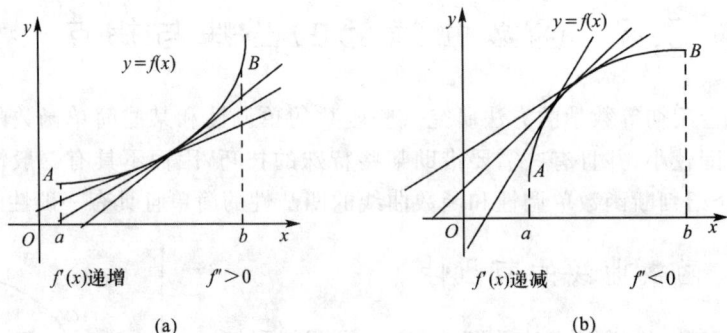

图 5-10

定理 1 设 $f(x)$ 在 $[a,b]$ 上连续，在 (a,b) 内具有一阶和二阶导数，那么

(1)若在 (a,b) 内 $f''(x)>0$，则 $f(x)$ 在 $[a,b]$ 上的图像是凹的；

(2)若在 (a,b) 内 $f''(x)<0$，则 $f(x)$ 在 $[a,b]$ 上的图像是凸的.

证明 (1)设 x_1 和 x_2 为 $[a,b]$ 内任意两点，且 $x_1<x_2$，记 $\frac{x_1+x_2}{2}=x_0$，并记 $x_2-x_0=x_0-x_1=h$，则 $x_1=x_0-h,x_2=x_0+h$，由拉格朗日中值定理，得

$$f(x_0+h)-f(x_0)=f'(x_0+\theta_1 h)h,$$
$$f(x_0)-f(x_0-h)=f'(x_0-\theta_2 h)h,$$

其中 $0<\theta_1<1,0<\theta_2<1$. 两式相减，即得

$$f(x_0+h)+f(x_0-h)-2f(x_0)=[f'(x_0+\theta_1 h)-f'(x_0-\theta_2 h)]h.$$

对 $f'(x)$ 在区间 $[x_0-\theta_2 h,x_0+\theta_1 h]$ 上再利用拉格朗日中值定理，得

$$[f'(x_0+\theta_1 h)-f'(x_0-\theta_2 h)]h=f''(\xi)(\theta_1+\theta_2)h^2,$$

其中 $x_0-\theta_2 h<\xi<x_0+\theta_1 h$. 按情形(1)假设，$f''(\xi)>0$，故有

$$f(x_0+h)+f(x_0-h)-2f(x_0)>0,$$

即 $\frac{f(x_0+h)+f(x_0-h)}{2}>f(x_0)$，亦即 $\frac{f(x_1)+f(x_2)}{2}>f\left(\frac{x_1+x_2}{2}\right)$，所以 $f(x)$ 在 $[a,b]$ 上的图像是凹的.

类似地可证明情形(2).

【**例 1**】 判断曲线 $y=x-\ln(1+x)$ 的凹凸性.

解　因为

$$y' = 1 - \frac{1}{1+x}, \quad y'' = \frac{1}{(1+x)^2} > 0,$$

所以,题设曲线在其定义域 $(-1, +\infty)$ 内是凹的.

【**例 2**】　判断曲线 $y = x^3$ 的凹凸性.

解　$y' = 3x^2, y'' = 6x.$

当 $x < 0$ 时,$y'' < 0$,所以曲线在 $(-\infty, 0]$ 内为凸弧;当 $x > 0$ 时,$y'' > 0$,所以曲线在 $[0, +\infty)$ 内为凹弧. 如图 5-11 所示.

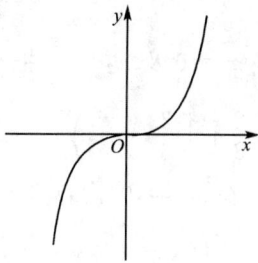

图 5-11

5.5.2　函数曲线的拐点

在例 2 中,我们注意到点 $(0,0)$ 是使曲线由凸变凹的分界点. 此类分界点为曲线的拐点. 一般地,我们有:

定义 2　连续曲线上凹弧与凸弧的分界点称为曲线的拐点.

那么如何寻求曲线 $f(x)$ 的拐点呢? 由定理 1 可知,二阶导数 $f''(x)$ 的符号可以判断函数凹凸性. 又由定义 1 可知,曲线在拐点左右的凹凸性相反,即 $f''(x)$ 在拐点左右的符号相反. 因此,要想求函数的拐点,只要找出使 $f''(x)$ 符号改变的分界点即可. 如果函数在区间上的二阶导数是连续的,则在这样的分界点处必有 $f''(x) = 0$. 另外,使函数的二阶导数不存在的点,也可能是使 $f''(x)$ 符号发生改变的分界点.

定理 2　(拐点的必要条件)曲线上点为拐点的必要条件为 $f''(x) = 0$ 或不存在.

综上所述,求曲线的凹凸区间及拐点的步骤如下:

(1)求 $f''(x)$;

(2)令 $f''(x) = 0$,解出这个方程在区间 I 内的实根,并求出在区间 I 内 $f''(x)$ 不存在的点;

(3)对于(2)中求出的每一个实根或二阶导数不存在的点 x_0,检查 $f''(x)$ 在 x_0 左右两侧邻近的符号,那么当两侧的符号相反时,点 $(x_0, f(x_0))$ 是拐点,当两侧的符号相同时,点 $(x_0, f(x_0))$ 不是拐点.

【**例 3**】　求曲线 $y = 2x^3 + 3x^2 - 12x + 14$ 的拐点.

解　$y' = 6x^2 + 6x - 12, y'' = 12x + 6 = 12\left(x + \frac{1}{2}\right).$

令 $y'' = 0$,得 $x = -\frac{1}{2}$. 当 $x < -\frac{1}{2}$ 时,$y'' < 0$;当 $x > -\frac{1}{2}$ 时,$y'' > 0$.

因此,点 $\left(-\frac{1}{2}, 20\frac{1}{2}\right)$ 是该曲线的拐点.

【**例 4**】　求曲线 $y = 3x^4 - 4x^3 + 1$ 的拐点及凹、凸的区间.

解　函数 $y = 3x^4 - 4x^3 + 1$ 的定义域为 $(-\infty, +\infty)$.

$$y' = 12x^3 - 12x^2, \quad y'' = 36x^2 - 24x = 36x\left(x - \frac{2}{3}\right).$$

令 $y''=0$,得 $x_1=0,x_2=\dfrac{2}{3}$.

$x_1=0$ 及 $x_2=\dfrac{2}{3}$ 把函数的定义域$(-\infty,+\infty)$分成三个部分区间:$(-\infty,0)$、$\left[0,\dfrac{2}{3}\right)$、$\left[\dfrac{2}{3},+\infty\right)$.

在$(-\infty,0)$内,$y''>0$,因此在区间$(-\infty,0]$上该曲线是凹的.

在$\left(0,\dfrac{2}{3}\right)$内,$y''<0$,因此在区间$\left[0,\dfrac{2}{3}\right]$上该曲线是凸的.

在$\left(\dfrac{2}{3},+\infty\right)$内,$y''>0$,因此在区间$\left[\dfrac{2}{3},+\infty\right)$上该曲线是凹的.

当 $x=0$ 时,$y=1$,点$(0,1)$是该曲线的一个拐点.当 $x=\dfrac{2}{3}$ 时,$y=\dfrac{11}{27}$,点 $\left(\dfrac{2}{3},\dfrac{11}{27}\right)$ 也是该曲线的拐点.

【例 5】 求曲线 $y=\sqrt[3]{x}$ 的拐点.

解 该函数在$(-\infty,+\infty)$内连续,当 $x\neq0$ 时,$y'=\dfrac{1}{3\sqrt[3]{x^2}}$,$y''=-\dfrac{2}{9x\sqrt[3]{x^5}}$,当 $x=0$ 时,y',y'' 都不存在,不具有零点.

在$(-\infty,0)$内,$y''>0$,该曲线在$(-\infty,0]$上是凹的.

在$(0,+\infty)$内,$y''<0$,该曲线在$[0,+\infty)$上是凸的.

当 $x=0$ 时,$y=0$,点$(0,0)$是该曲线的一个拐点.

【例 6】 问曲线 $y=x^4$ 是否有拐点?

解 $y'=4x^3,y''=12x^2$.

显然,只有 $x=0$ 是方程 $y''=0$ 的根.但当 $x\neq0$ 时,无论 $x<0$ 或 $x>0$ 都有 $y''>0$,因此点$(0,0)$不是该曲线的拐点.曲线 $y=x^4$ 没有拐点,它在$(-\infty,+\infty)$内是凹的.

习题 5-5

1.求下列函数图像的拐点及凹凸区间.

(1)$y=x+\dfrac{1}{x}(x>0)$;　　　　　　(2)$y=(x-1)^{\frac{5}{3}}$;

(3)$y=x\arctan x$;　　　　　　　　(4)$y=a^2-\sqrt[3]{x-b}$;

(5)$y=x+\dfrac{x}{x^2-1}$;　　　　　　　(6)$y=e^{\arctan x}$.

2.求曲线 $y=\sin x+\cos x$(在$[0,2\pi]$内)的拐点.

3.问 a 及 b 为何值时,点$(1,3)$为曲线 $y=ax^3+bx^2$ 的拐点?

总复习题五

1.验证函数 $f(x)=2x^2-x-3$ 在区间$[-1,1.5]$上满足罗尔定理的条件,并求出 ξ 的值.

2. 验证函数 $f(x)=\ln x$ 在区间 $[1,2]$ 上满足拉格朗日中值定理的条件,并求出 ξ 的值.

3. 利用洛必达法则求下列极限.

(1) $\lim\limits_{x\to 1}\dfrac{x^3-3x^2+2}{x^3-x^2-x+1}$;

(2) $\lim\limits_{x\to \frac{\pi}{2}^+}\dfrac{\ln\left(x-\dfrac{\pi}{2}\right)}{\tan x}$;

(3) $\lim\limits_{x\to 0}\dfrac{3x-\sin 3x}{\tan^2 x\ln(1+x)}$;

(4) $\lim\limits_{x\to 1}\left(\dfrac{x}{x-1}-\dfrac{1}{\ln x}\right)$;

(5) $\lim\limits_{x\to 0^+}\left(\ln\dfrac{1}{x}\right)^x$;

(6) $\lim\limits_{x\to 0}(1+\sin x)^{\frac{1}{x}}$.

4. 确定下列函数的单调区间.

(1) $f(x)=x^3-3x^2-45x+1$;

(2) $f(x)=2x^2-\ln x$.

5. 利用函数的单调性,证明下面的不等式:

$$\dfrac{x-1}{x+1}<\dfrac{1}{2}\ln x \quad (x>1).$$

6. 求下列函数的极值.

(1) $y=x+\sqrt{1-x}$;

(2) $y=x-\ln(1+x)$.

7. 求下列函数在给定区间上的最值.

(1) $y=x^3-3x^2-45x+75,x\in[0,6]$;　(2) $y=x^2+\dfrac{16}{x},x\in(0,+\infty)$.

8. 求曲线 $y=x\cdot e^x$ 的凹向和拐点.

9. 设某工厂生产某种产品的总成本函数为(单位:元)

$$C(x)=0.5x^2+36x+9\,800.$$

求平均成本最小时的产量 x 以及最小平均成本.

10. 某产品总成本 C 为年产量 x(单位:吨)的函数,且 $C(x)=a+bx^2$,其中 a、b 为待定常数,已知固定成本为 400 万元,当年产量为 100 吨时,总成本为 500 万元,问年产量为多少时,才能使得平均成本 $\overline{C}$ 最低? 最低平均成本是多少?

11. 某产品总成本 C(元)为日产量 x(单位:千克)的函数,$C(x)=\dfrac{1}{9}x^2+6x+100$. 产品销售价格为 p(元/千克),它与日产量 x 的关系为 $p(x)=46-\dfrac{1}{3}x$,问日产量为多少时,才能使得每日产品全部销售后获得的总利润最大? 最大利润是多少?

第6章

一元函数积分学及其应用

前面我们已经研究了一元函数微分学,但在科学技术领域中,还会遇到与此相反的问题,即寻求一个可导函数,使其导数等于一个已知函数,从而产生了一元函数积分学,包括不定积分、定积分及定积分的应用.

6.1 不定积分的概念与性质

6.1.1 不定积分的概念与性质

1.原函数与不定积分的概念

定义1   如果在区间 I 上,可导函数 $F(x)$ 的导函数为 $f(x)$,即对任意的 $x \in I$,都有
$$F'(x) = f(x) \text{ 或 } \mathrm{d}F(x) = f(x)\mathrm{d}x,$$
那么称函数 $F(x)$ 为 $f(x)$ 在区间 I 上的一个原函数.

例如,$(\sin x)' = \cos x$,故 $\sin x$ 是 $\cos x$ 的一个原函数.

定理   (原函数存在定理)如果函数 $f(x)$ 在区间 I 上连续,那么在区间 I 上存在可导函数 $F(x)$,使得对每一个 $x \in I$,都有
$$F'(x) = f(x),$$
即连续函数一定有原函数.

我们已经知道初等函数在其定义域内的任一区间内连续,因此每个初等函数在其定义域的任一区间内都有原函数.

下面还要说明两点:

第一,如果函数 $f(x)$ 在区间 I 上有原函数 $F(x)$,那么对于任意常数 C,显然也有
$$[F(x) + C]' = f(x),$$
所以对任何常数 C,函数 $F(x) + C$ 也是 $f(x)$ 在 I 上的原函数.这说明如果函数 $f(x)$ 有原函数,那么它就有无限多个原函数.

第二,如果在区间 I 上 $F(x)$ 是 $f(x)$ 的一个原函数,那么 $f(x)$ 的其他原函数与 $F(x)$ 有什么关系?

设 $G(x)$ 是 $f(x)$ 的另一个原函数,即当 $x \in I$ 时,$G'(x) = f(x)$,于是有
$$[G(x) - F(x)]' = G'(x) - F'(x) = 0.$$
由于导数恒为零的函数必为常数,所以

$$G(x) - F(x) = C_0 \quad (\text{这里 } C_0 \text{ 为某个常数}).$$

这说明 $f(x)$ 的任何两个原函数之间只差一个常数.

由此可见,当 C 是任意常数时,表达式 $F(x) + C$ 就可以表示 $f(x)$ 的任意一个原函数.

定义 2 在区间 I 上,函数 $f(x)$ 的带有任意常数项的原函数称为 $f(x)$ 的不定积分,记作 $\int f(x)\mathrm{d}x$,其中记号 $\int$ 称为积分号,$f(x)$ 称为被积函数,$f(x)\mathrm{d}x$ 称为被积表达式,x 称为积分变量.

由此定义以及前面的说明可知,如果 $F(x)$ 是 $f(x)$ 在区间 I 上的一个原函数,那么 $F(x) + C$ 就是 $f(x)$ 的不定积分,即

$$\int f(x)\mathrm{d}x = F(x) + C.$$

这说明,不定积分 $\int f(x)\mathrm{d}x$ 可以表示 $f(x)$ 的任意一个原函数.

【例 1】 求 $\int x^2 \mathrm{d}x$.

解 因为 $\left(\dfrac{x^3}{3}\right)' = x^2$,所以 $\dfrac{x^3}{3}$ 是 x^2 的一个原函数. 因此

$$\int x^2 \mathrm{d}x = \frac{x^3}{3} + C.$$

【例 2】 求 $\int \dfrac{1}{1+x^2}\mathrm{d}x$.

解 因为 $(\arctan x)' = \dfrac{1}{1+x^2}$,所以 $\arctan x$ 是 $\dfrac{1}{1+x^2}$ 的一个原函数. 因此

$$\int \frac{1}{1+x^2}\mathrm{d}x = \arctan x + C.$$

【例 3】 求 $\int \dfrac{1}{x}\mathrm{d}x$.

解 当 $x > 0$ 时,有 $(\ln x)' = \dfrac{1}{x}$,所以在 $(0, +\infty)$ 内 $\dfrac{1}{x}$ 的一个原函数是 $\ln x$.

当 $x < 0$ 时,有 $[\ln(-x)]' = \dfrac{1}{x}$,所以在 $(-\infty, 0)$ 内 $\dfrac{1}{x}$ 的一个原函数是 $\ln(-x)$.

因为在 $(-\infty, 0) \bigcup (0, +\infty)$ 上,$\dfrac{1}{x}$ 的原函数是 $\ln|x|$,所以

$$\int \frac{1}{x}\mathrm{d}x = \ln|x| + C.$$

从不定积分的定义,即可知下述关系:

由于 $\int f(x)\mathrm{d}x$ 是 $f(x)$ 的原函数,所以

$$\frac{\mathrm{d}}{\mathrm{d}x}\left(\int f(x)\mathrm{d}x\right) = f(x),$$

或

$$d\int f(x)dx = f(x)dx.$$

又由于 $F(x)$ 是 $F'(x)$ 的原函数,所以

$$\int F'(x)dx = F(x) + C.$$

2. 基本积分表

既然积分运算是微分运算的逆运算,那么很自然地可以从导数公式得到相应的积分公式.

1. $\int k dx = kx + C$ （k 为常数）;

2. $\int x^\mu dx = \dfrac{1}{1+\mu}x^{1+\mu} + C$ （$\mu \neq -1$）;

3. $\int \dfrac{1}{x}dx = \ln|x| + C$;

4. $\int a^x dx = \dfrac{1}{\ln a}a^x + C$;

5. $\int e^x dx = e^x + C$;

6. $\int \sin x dx = -\cos x + C$;

7. $\int \cos x dx = \sin x + C$;

8. $\int \sec^2 x dx = \tan x + C$;

9. $\int \csc^2 x dx = -\cot x + C$;

10. $\int \dfrac{dx}{\sqrt{1-x^2}} = \arcsin x + C$;

11. $\int \dfrac{1}{1+x^2}dx = \arctan x + C$;

12. $\int \sec x \tan x dx = \sec x + C$;

13. $\int \csc x \cot x dx = -\csc x + C$.

这些基本积分公式是求不定积分的基础,必须熟记.

【例 4】 求 $\int x^2\sqrt{x}\,dx$.

解 $\int x^2\sqrt{x}\,dx = \int x^{\frac{5}{2}}dx = \dfrac{x^{\frac{5}{2}+1}}{\frac{5}{2}+1} + C = \dfrac{2}{7}x^{\frac{7}{2}} + C$.

【例 5】 求 $\int 3^x e^x dx$.

解 $\int 3^x e^x dx = \int (3e)^x dx = \dfrac{(3e)^x}{\ln(3e)} + C = \dfrac{3^x e^x}{1+\ln 3} + C$.

以上例子表明,在实际使用这些公式时,有时还需要对被积函数作适当的变形,使被积函数变为公式中的标准形式,然后再计算.

3. 不定积分的性质

利用基本积分表所能计算的不定积分是非常有限的,因此有必要研究不定积分的性质,以便利用这些性质来帮助计算不定积分. 由于积分运算与求导运算是互逆关系,因此根据求导运算的性质可得到如下的不定积分的性质:

性质 1 设函数 $f(x)$ 及 $g(x)$ 的原函数存在,则

$$\int \big[f(x) \pm g(x) \big] \mathrm{d}x = \int f(x)\mathrm{d}x \pm \int g(x)\mathrm{d}x.$$

证明 由于

$$\left[\int f(x)\mathrm{d}x \pm \int g(x)\mathrm{d}x \right]' = \left[\int f(x)\mathrm{d}x \right]' \pm \left[\int g(x)\mathrm{d}x \right]'$$
$$= f(x) \pm g(x),$$

这表示,$\int f(x)\mathrm{d}x \pm \int g(x)\mathrm{d}x$ 是 $f(x) \pm g(x)$ 的原函数,而且上式含有不定积分记号,因此已经含有任意常数,故上式即为 $f(x) \pm g(x)$ 的不定积分. 证毕.

类似地可以证明如下性质:

性质 2 设函数 $f(x)$ 的原函数存在,k 为非零常数,则

$$\int k f(x)\mathrm{d}x = k \int f(x)\mathrm{d}x.$$

请读者给出该性质的证明.

利用基本积分表及以上性质,可以求出一些简单函数的不定积分.

【例 6】 求 $\displaystyle\int \frac{(2x-1)^2}{\sqrt{x}}\,\mathrm{d}x$.

解
$$\int \frac{(2x-1)^2}{\sqrt{x}}\,\mathrm{d}x = \int (4x^{\frac{3}{2}} - 4x^{\frac{1}{2}} + x^{-\frac{1}{2}})\mathrm{d}x = \frac{8}{5}x^{\frac{5}{2}} - \frac{8}{3}x^{\frac{3}{2}} + 2x^{\frac{1}{2}} + C$$
$$= \frac{8}{5}x^2\sqrt{x} - \frac{8}{3}x\sqrt{x} + 2\sqrt{x} + C.$$

【例 7】 求 $\displaystyle\int \frac{x^4}{x^2+1}\mathrm{d}x$.

解 因为

$$\frac{x^4}{x^2+1} = \frac{(x^4-1)+1}{x^2+1} = x^2 - 1 + \frac{1}{x^2+1},$$

所以

$$\int \frac{x^4}{x^2+1}\,\mathrm{d}x = \int \left(x^2 - 1 + \frac{1}{x^2+1} \right)\mathrm{d}x$$
$$= \frac{x^3}{3} - x + \arctan x + C.$$

【例 8】 求 $\displaystyle\int \tan^2 x\,\mathrm{d}x$.

解 $\displaystyle\int \tan^2 x\,\mathrm{d}x = \int (\sec^2 x - 1)\mathrm{d}x = \tan x - x + C.$

【例 9】 求 $\int \cos^2 \dfrac{x}{2} dx$.

解 $\int \cos^2 \dfrac{x}{2} dx = \int \dfrac{1}{2}(1 + \cos x) dx$

$$= \dfrac{1}{2}(x + \sin x) + C.$$

【例 10】 求 $\int \dfrac{1}{\sin^2 \dfrac{x}{2} \cos^2 \dfrac{x}{2}} dx$.

解 $\int \dfrac{1}{\sin^2 \dfrac{x}{2} \cos^2 \dfrac{x}{2}} dx = \int \dfrac{1}{\left(\dfrac{\sin x}{2}\right)^2} dx = 4 \int \csc^2 x \, dx = -4 \cot x + C.$

【例 11】 设曲线过点 $(1,2)$，且其上任一点处的切线斜率等于这点横坐标的 2 倍，求该曲线的方程.

解 设所求曲线的方程为 $y = f(x)$，按题设，曲线上任一点 (x, y) 处的切线斜率为 $\dfrac{dy}{dx} = 2x$，即 $f(x)$ 是 $2x$ 的一个原函数. 因为

$$\int 2x \, dx = x^2 + C,$$

故必有某个常数 C 使 $f(x) = x^2 + C$，即曲线方程为 $y = x^2 + C$. 因所求曲线通过点 $(1,2)$，故 $f(1) = 2$，即 $1 + C = 2$，解得 $C = 1$，于是所求曲线方程为 $y = x^2 + 1$.

函数 $f(x)$ 的原函数的图像称为 $f(x)$ 的积分曲线. 本例即是求函数 $2x$ 的通过点 $(1, 2)$ 的那条积分曲线. 显然，这条积分曲线可以由另一条积分曲线（例如 $y = x^2$）经 y 轴方向平移而得，如图 6-1 所示.

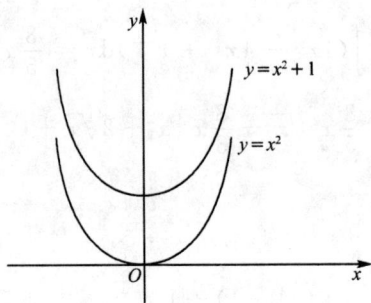

图 6-1

习题 6-1

1. 利用求导运算验证下列等式.

(1) $\int x \sin x \, dx = \sin x - x \cos x + C$；

(2) $\int x^2 e^x \, dx = e^x(x^2 - 2x + 2) + C$；

(3) $\int (2^x e^x + \cos x)\,dx = \dfrac{2^x e^x}{1 + \ln 2} + \sin x + C;$

(4) $\int \dfrac{x^4}{x^2 + 1}\,dx = \dfrac{1}{3}x^3 - x + \arctan x + C.$

2. 已知曲线 $y = f(x)$ 通过点 $(1,2)$ 且曲线上任意一点处切线的斜率都为 $2x - 1$，求该曲线的方程.

3. 求下列不定积分.

(1) $\int \left(2x^3 + \dfrac{3}{x} - e^x\right)dx;$ 　　　　　　(2) $\int (x+1)^2 \sqrt{x}\,dx;$

(3) $\int 5^x e^x\,dx;$ 　　　　　　(4) $\int \left(\dfrac{1}{x^3} - 3\sec^2 x\right)dx;$

(5) $\int \dfrac{x^2}{1 + x^2}\,dx;$ 　　　　　　(6) $\int \left(\dfrac{3}{1 + x^2} - \dfrac{2}{\sqrt{1 - x^2}}\right)dx.$

6.2　不定积分的运算

6.2.1　不定积分换元积分法

本节将讨论求不定积分的一种重要方法，其实质是把复合函数的求导法则反过来用于求不定积分，也就是利用变量代换来求不定积分，这种方法称为换元积分法. 按照换元的不同方式，通常把换元法分为两类，下面分别进行介绍.

1. 第一类换元法

定理 1　设 $f(u)$ 具有原函数 $F(u)$，$u = \varphi(x)$ 可导，$du = \varphi'(x)dx$，则

$$\int f[\varphi(x)]\varphi'(x)\,dx = \int f(u)\,du = F(u) + C = F[\varphi(x)] + C.$$

不难看出：第一类换元法是复合函数求导法则的逆运算，$\varphi'(x)dx = d[\varphi(x)]$ 也是微分运算的逆运算，目的是将 $\varphi'(x)dx$ 凑成中间变量 u 的微分，转化成对中间变量的积分.

【例 1】　求 $\int \cos 2x\,dx.$

解　令 $u = 2x$，显然 $du = 2dx$ 或 $dx = \dfrac{1}{2}du$，则

$$\int \cos 2x\,dx = \int \cos u \cdot \dfrac{1}{2}\,du = \dfrac{1}{2}\sin u + C = \dfrac{1}{2}\sin 2x + C.$$

【例 2】　求 $\int e^{3x}\,dx.$

解　e^{3x} 是一个复合函数，中间变量 $u = 3x$，$du = d(3x) = 3dx$. 所以 $dx = \dfrac{1}{3}du$，故

$$\int e^{3x}\,dx = \int e^u \dfrac{1}{3}\,du = \dfrac{1}{3}e^u + C = \dfrac{1}{3}e^{3x} + C.$$

【例3】 求 $\int (3x-2)^5 dx$.

解 如将 $(3x-2)^5$ 展开是很费力的, 不如把 $3x-2$ 作为中间变量.
由于

$$d(3x-2) = 3dx,$$

故

$$\int (3x-2)^5 dx = \int (3x-2)^5 \cdot \frac{1}{3} d(3x-2) = \frac{1}{18}(3x-2)^6 + C.$$

下面是几种典型的"凑微分"的方法:

$$dx = \frac{1}{a}d(ax+b); \qquad x^{n-1}dx = \frac{1}{n}d(x^n+b);$$

$$e^x dx = d(e^x); \qquad \frac{1}{x}dx = d(\ln x);$$

$$a^x dx = \frac{1}{\ln a}d(a^x); \qquad \cos x dx = d(\sin x);$$

$$\sin x dx = -d(\cos x); \qquad \sec^2 x dx = d(\tan x);$$

$$\csc^2 x = -d(\cot x); \qquad \sec x \tan x dx = d(\sec x);$$

$$\frac{dx}{\sqrt{1-x^2}} = d(\arcsin x); \qquad \frac{dx}{1+x^2} = d(\arctan x).$$

【例4】 求 $\int \sin^2 x dx$.

解
$$\int \sin^2 x dx = \int \frac{1}{2}(1-\cos 2x)dx = \frac{1}{2}\int dx - \frac{1}{4}\int \cos 2x d2x$$

$$= \frac{x}{2} - \frac{1}{4}\sin 2x + C.$$

【例5】 求 $\int \frac{dx}{\sqrt{a^2-x^2}}$ $(a>0)$.

解
$$\int \frac{dx}{\sqrt{a^2-x^2}} = \int \frac{1}{\sqrt{1-\left(\frac{x}{a}\right)^2}}d\left(\frac{x}{a}\right) = \arcsin \frac{x}{a} + C.$$

【例6】 求 $\int \frac{dx}{a^2+x^2}$ $(a>0)$.

解
$$\int \frac{dx}{a^2+x^2} = \frac{1}{a}\int \frac{1}{1+\left(\frac{x}{a}\right)^2}d\left(\frac{x}{a}\right) = \frac{1}{a}\arctan \frac{x}{a} + C.$$

【例7】 求 $\int \frac{dx}{x^2-x-12}$.

解 因为

$$\frac{1}{x^2-x-12} = \frac{1}{7} \cdot \frac{(x+3)-(x-4)}{(x+3)(x-4)} = \frac{1}{7}\left(\frac{1}{x-4} - \frac{1}{x+3}\right),$$

所以

$$\int \frac{\mathrm{d}x}{x^2-x-12} = \frac{1}{7}\int \frac{\mathrm{d}(x-4)}{x-4} - \frac{1}{7}\int \frac{\mathrm{d}(x+3)}{x+3} = \frac{1}{7}\ln\left|\frac{x-4}{x+3}\right| + C.$$

【例 8】　求 $\displaystyle\int \frac{\mathrm{d}x}{x^2+2x+2}$.

解　$\displaystyle\int \frac{\mathrm{d}x}{x^2+2x+2} = \int \frac{1}{(x+1)^2+1} \mathrm{d}(x+1) = \arctan(x+1) + C.$

【例 9】　求 $\displaystyle\int \frac{x}{1+x^2}\mathrm{d}x$.

解　因为

$$\mathrm{d}(x^2+1) = 2x\mathrm{d}x, \text{即 } x\mathrm{d}x = \frac{1}{2}\mathrm{d}(x^2+1),$$

所以

$$\int \frac{x}{1+x^2}\mathrm{d}x = \frac{1}{2}\int \frac{\mathrm{d}(x^2+1)}{x^2+1} = \frac{1}{2}\ln(x^2+1) + C.$$

【例 10】　求 $\displaystyle\int x\mathrm{e}^{-x^2}\mathrm{d}x$.

解　因为

$$x\mathrm{d}x = \frac{1}{2}\mathrm{d}(x^2) = -\frac{1}{2}\mathrm{d}(-x^2),$$

所以

$$\int x\mathrm{e}^{-x^2}\mathrm{d}x = -\frac{1}{2}\int \mathrm{e}^{-x^2}\mathrm{d}(-x^2) = -\frac{1}{2}\mathrm{e}^{-x^2} + C.$$

【例 11】　求 $\displaystyle\int \mathrm{e}^x\cos\mathrm{e}^x\mathrm{d}x$.

解　$\displaystyle\int \mathrm{e}^x\cos\mathrm{e}^x\mathrm{d}x = \int \cos\mathrm{e}^x\mathrm{d}(\mathrm{e}^x) = \sin\mathrm{e}^x + C.$

【例 12】　求 $\displaystyle\int \frac{\mathrm{d}x}{x\ln x}$.

解　$\displaystyle\int \frac{\mathrm{d}x}{x\ln x} = \int \frac{\mathrm{d}(\ln x)}{\ln x} = \ln|\ln x| + C.$

【例 13】　求 $\displaystyle\int \tan x\mathrm{d}x$.

解　$\displaystyle\int \tan x\mathrm{d}x = \int \frac{\sin x}{\cos x}\mathrm{d}x = -\int \frac{\mathrm{d}(\cos x)}{\cos x} = -\ln|\cos x| + C.$

【例 14】　求 $\displaystyle\int \cos x\mathrm{e}^{\sin x}\mathrm{d}x$.

解　$\displaystyle\int \cos x\mathrm{e}^{\sin x}\mathrm{d}x = \int \mathrm{e}^{\sin x}\mathrm{d}(\sin x) = \mathrm{e}^{\sin x} + C.$

【例 15】　求 $\displaystyle\int \frac{(\arctan x)^3}{1+x^2}\mathrm{d}x$.

解　$\displaystyle\int \frac{(\arctan x)^3}{1+x^2}\mathrm{d}x = \int (\arctan x)^3\mathrm{d}(\arctan x) = \frac{1}{4}(\arctan x)^4 + C.$

由以上例题可以看出,第一类换元法是一种非常灵活的计算方法,始终贯穿着"逆向思维"的特点,因此对初学者较难适应,应熟悉这些基本例题.

2. 第二类换元法

上面介绍的第一类换元法是通过变量代换 $u = \varphi(x)$,将积分化为 $\int f[\varphi(x)]\varphi'(x)\mathrm{d}x$ 化为积分 $\int f(u)\mathrm{d}u$.

下面将介绍的第二类换元法是适当地选择变量代换 $x = \psi(t)$,将积分 $\int f(x)\mathrm{d}x$ 化为 $\int f[\psi(t)]\psi'(t)\mathrm{d}t$. 这是另一种形式的变量代换,换元公式可表达为

$$\int f(x)\mathrm{d}x = \int f[\psi(t)]\psi'(t)\mathrm{d}t.$$

定理 2 设 $x = \psi(t)$ 是单调、可导的函数,并且 $\psi'(t) \neq 0$,又设 $f[\psi(t)]\psi'(t)$ 有原函数 $\Phi(t)$,则

$$\int f(x)\mathrm{d}x = \int f[\psi(t)]\psi'(t)\mathrm{d}t = \Phi(t) + C = \Phi[\psi^{-1}(x)] + C.$$

第二类换元法,常用于如下基本类型:

类型 1 被积函数中含有 $\sqrt{a^2 - x^2}$ $(a > 0)$,可令 $x = a\sin t$,并约定 $t \in \left[-\dfrac{\pi}{2}, \dfrac{\pi}{2}\right]$,则 $\sqrt{a^2 - x^2} = a\cos t$,$\mathrm{d}x = a\cos t\mathrm{d}t$,可将原积分化作三角有理函数的积分.

【例 16】 求 $\displaystyle\int \frac{x^2}{\sqrt{4 - x^2}}\mathrm{d}x$.

解 令 $x = 2\sin t$,则 $\sqrt{4 - x^2} = 2\cos t$,$\mathrm{d}x = 2\cos t\mathrm{d}t$.

$$\int \frac{x^2}{\sqrt{4 - x^2}}\mathrm{d}x = \int \frac{4\sin^2 t}{2\cos t} \cdot 2\cos t\mathrm{d}t = \int (2 - 2\cos 2t)\mathrm{d}t = 2t - \sin 2t + C$$

$$= 2t - 2\sin t\cos t + C = 2\arcsin \frac{x}{2} - \frac{x}{2}\sqrt{4 - x^2} + C.$$

类型 2 被积函数中含有 $\sqrt{a^2 + x^2}$ $(a > 0)$,可令 $x = a\tan t$,并约定 $t \in \left(-\dfrac{\pi}{2}, \dfrac{\pi}{2}\right)$,则 $\sqrt{a^2 + x^2} = a\sec t$,$\mathrm{d}x = a\sec^2 t\mathrm{d}t$,可将原积分化为三角有理函数的积分.

【例 17】 求 $\displaystyle\int \frac{\mathrm{d}x}{\sqrt{x^2 + 9}}$ $(a > 0)$.

解 令 $x = 3\tan t$,则 $\sqrt{x^2 + 9} = 3\sec t$,$\mathrm{d}x = 3\sec^2 t\mathrm{d}t$.

$$\int \frac{\mathrm{d}x}{\sqrt{x^2 + 9}} = \int \frac{3\sec^2 t}{3\sec t}\mathrm{d}t = \int \sec t\mathrm{d}t = \int \frac{\cos t}{1 - \sin^2 t}\mathrm{d}t$$

$$= \frac{1}{2}\int \left[\frac{1}{1 + \sin t} + \frac{1}{1 - \sin t}\right]\mathrm{d}(\sin t)$$

$$= \frac{1}{2}\ln \left|\frac{1 + \sin t}{1 - \sin t}\right| + C_1$$

$$= \ln \left|\frac{1 + \sin t}{\cos t}\right| + C_1$$

$$= \ln|\sec t + \tan t| + C_1$$

$$= \ln\left|\frac{x}{3} + \frac{\sqrt{x^2+9}}{3}\right| + C_1$$

$$= \ln|x + \sqrt{x^2+9}| + C.$$

类型 3　被积分函数中含有 $\sqrt{x^2-a^2}$ $(a>0)$，当 $x \geqslant a$ 时，可令 $x = a\sec t$，并约定 $t \in \left(0, \frac{\pi}{2}\right)$，则 $\sqrt{x^2-a^2} = a\tan t$，$\mathrm{d}x = a\sec t\tan t\mathrm{d}t$；当 $x \leqslant -a$ 时，可令 $u = -x$，则 $u \geqslant a$. 可将原积分化为三角有理函数的积分.

【例 18】　求 $\displaystyle\int \frac{\mathrm{d}x}{\sqrt{x^2-a^2}}$　$(a>0)$.

解　被积函数的定义域为 $(-\infty, -a) \bigcup (a, +\infty)$，当 $x \in (a, +\infty)$ 时，令 $x = a\sec t$，$t \in \left(0, \frac{\pi}{2}\right)$，则 $\sqrt{x^2-a^2} = a\tan t$，$\mathrm{d}x = a\sec t\tan t\mathrm{d}t$，有

$$\int \frac{\mathrm{d}x}{\sqrt{x^2-a^2}} = \int \frac{a\sec t\tan t}{a\tan t}\mathrm{d}t = \int \sec t\mathrm{d}t = \ln(\sec t + \tan t) + C$$

$$= \ln\left(\frac{x}{a} + \frac{\sqrt{x^2-a^2}}{a}\right) + C = \ln(x + \sqrt{x^2-a^2}) + C_1.$$

当 $x \in (-\infty, -a)$ 时，令 $u = -x$，则 $u \in (a, +\infty)$，有

$$\int \frac{\mathrm{d}x}{\sqrt{x^2-a^2}} = -\int \frac{\mathrm{d}u}{\sqrt{u^2-a^2}} = -\ln(u + \sqrt{u^2-a^2}) + C$$

$$= -\ln(-x + \sqrt{x^2-a^2}) + C$$

$$= \ln\frac{1}{-x + \sqrt{x^2-a^2}} + C$$

$$= \ln\frac{-x - \sqrt{x^2-a^2}}{a^2} + C$$

$$= \ln(-x - \sqrt{x^2-a^2}) + C_1.$$

$x \in (-\infty, -a) \bigcup (a, +\infty)$ 时

$$\int \frac{\mathrm{d}x}{\sqrt{x^2-a^2}} = \ln|x + \sqrt{x^2-a^2}| + C.$$

类型 4　含有根式 $\sqrt[n]{ax+b}$ 的函数的积分，可令 $\sqrt[n]{ax+b} = t$，即化为有理分式的积分.

【例 19】　求 $\displaystyle\int \frac{\mathrm{d}x}{x\sqrt{x-1}}$.

解　令 $t = \sqrt{x-1}$，即 $x = t^2+1$，$\mathrm{d}x = 2t\mathrm{d}t$，则

$$\int \frac{\mathrm{d}x}{x\sqrt{x-1}} = \int \frac{2t}{(t^2+1)t}\mathrm{d}t = 2\arctan t + C = 2\arctan\sqrt{x-1} + C.$$

类型 5　对某些三角有理函数的积分可采用万能代换，即令 $t = \tan\frac{x}{2}, x \in (-\pi, \pi)$.

则 $\sin x = \dfrac{2t}{1+t^2}, \cos x = \dfrac{1-t^2}{1+t^2}, \mathrm{d}x = \dfrac{2}{1+t^2}\mathrm{d}t.$

【例 20】 求 $\displaystyle\int \dfrac{\mathrm{d}x}{2+\cos x}.$

解 令 $t = \tan\dfrac{x}{2}$,则

$$\int \frac{\mathrm{d}x}{2+\cos x} = \int \frac{1}{2+\dfrac{1-t^2}{1+t^2}} \cdot \frac{2}{1+t^2}\mathrm{d}t$$

$$= \int \frac{2}{3+t^2}\mathrm{d}t = \frac{2}{\sqrt{3}}\arctan\frac{t}{\sqrt{3}} + C$$

$$= \frac{2}{\sqrt{3}}\arctan\left(\frac{1}{\sqrt{3}}\tan\frac{x}{2}\right) + C.$$

6.2.2 分部积分法

前面根据复合函数的求导法则,得到了换元积分法.现在利用两个函数乘积的求导法则来推导求不定积分的另一种基本方法 —— 分部积分法.

设 $u = u(x)$ 及 $v = v(x)$ 有连续的导数 $u'(x)$ 及 $v'(x)$,则由两个函数乘积的求导公式:

$$\left[u(x)v(x)\right]' = v(x)u'(x) + u(x)v'(x).$$

移项得

$$u(x)v'(x) = \left[u(x)v(x)\right]' - v(x)u'(x),$$

两边积分,有

$$\int u(x)v'(x)\mathrm{d}x = u(x)v(x) - \int v(x)u'(x)\mathrm{d}x$$

或

$$\int u\mathrm{d}v = uv - \int v\mathrm{d}u.$$

这就是分部积分公式.如果求 $u\mathrm{d}v$ 有困难,而求 $v\mathrm{d}u$ 比较容易,分部积分公式就可以发挥作用了.使用分部积分法的关键是正确选择 u 和 v.选择 u 和 v 时,可按照反三角函数、对数函数、幂函数、三角函数、指数函数的顺序(简记为"反、对、幂、三、指"),把排在前面的那类函数选作 u,而把排在后面的那类函数选作 v.

【例 21】 求 $\displaystyle\int x\cos x\mathrm{d}x.$

解 $\cos x\mathrm{d}x = \mathrm{d}(\sin x)$,如果设 $u = x, v = \sin x$,则有

$$\int x\cos x\mathrm{d}x = \int x\mathrm{d}(\sin x) = x\sin x - \int \sin x\mathrm{d}x = x\sin x + \cos x + C.$$

【例 22】 求 $\displaystyle\int 2x\mathrm{e}^x\mathrm{d}x.$

解 设 $u = 2x, \mathrm{e}^x\mathrm{d}x = \mathrm{d}v$,同时 $\mathrm{d}u = 2\mathrm{d}x, \mathrm{d}v = \mathrm{d}(\mathrm{e}^x)$,按分部积分法

$$\int 2x e^x dx = \int 2x d(e^x) = 2x e^x - 2 \int e^x dx = 2x e^x - 2 e^x + C = 2(x-1) e^x + C.$$

【例 23】　求 $\int x^2 e^x dx$.

解　$\int x^2 e^x dx = \int x^2 d(e^x) = x^2 e^x - \int e^x \cdot 2x dx.$

再一次用分部积分,有

$$\int x^2 e^x dx = x^2 e^x - \int e^x \cdot 2x dx = x^2 e^x - 2 \int x d(e^x)$$

$$= x^2 e^x - 2(x e^x - \int e^x dx)$$

$$= x^2 e^x - 2x e^x + 2 e^x + C$$

$$= e^x (x^2 - 2x + 2) + C.$$

【例 24】　求 $\int x \ln x dx$.

解　设 $u = \ln x, x dx = dv,$ 同时 $du = \dfrac{1}{x} dx, dv = d\left(\dfrac{1}{2} x^2\right),$ 按分部积分法

$$\int x \ln x dx = \int \ln x d\left(\frac{x^2}{2}\right) = \frac{x^2}{2} \ln x - \int \frac{x^2}{2} d(\ln x)$$

$$= \frac{x^2}{2} \ln x - \int \frac{x}{2} dx = \frac{x^2}{2} \ln x - \frac{x^2}{4} + C.$$

【例 25】　求 $\int \arccos x dx$.

解　把 $\arccos x$ 看作 u, dx 看作 $dv,$ 则

$$\int \arccos x dx = x \arccos x - \int x \left(-\frac{1}{\sqrt{1-x^2}}\right) dx$$

$$= x \arccos x - \sqrt{1-x^2} + C.$$

【例 26】　求 $\int e^{2x} \cos x dx$.

解　$\int e^{2x} \cos x dx = \int e^{2x} d(\sin x) = e^{2x} \sin x - \int \sin x d(e^{2x})$

$$= e^{2x} \sin x - 2 \int e^{2x} \sin x dx$$

$$= e^{2x} \sin x - 2 \int e^{2x} d(-\cos x)$$

$$= e^{2x} \sin x - 2 [e^{2x} (-\cos x)] + 2 \int (-\cos x) d(e^{2x})$$

$$= e^{2x} \sin x + 2 e^{2x} \cos x - 4 \int e^{2x} \cos x dx,$$

即

$$\int e^{2x} \cos x dx = \frac{1}{5} e^{2x} (\sin x + 2 \cos x) + C.$$

【例 27】 求 $\int \sin\sqrt{x}\,\mathrm{d}x$.

解 先设法去掉根号，令 $\sqrt{x} = u$ 或 $x = u^2$，

$$\int \sin\sqrt{x}\,\mathrm{d}x = \int \sin u\,\mathrm{d}(u^2) = 2\int u\sin u\,\mathrm{d}u.$$

这时，再利用分部积分法，则有

$$\int u\sin u\,\mathrm{d}u = \int u\,\mathrm{d}(-\cos u) = u(-\cos u) - \int (-\cos u)\,\mathrm{d}u$$

$$= -u\cos u + \sin u + C.$$

所以

$$\int \sin\sqrt{x}\,\mathrm{d}x = 2(-u\cos u + \sin u) + C$$

$$= -2\sqrt{x}\cos\sqrt{x} + 2\sin\sqrt{x} + C.$$

【例 28】 求 $\int x^2\ln x\,\mathrm{d}x$.

解 $\displaystyle\int x^2\ln x\,\mathrm{d}x = \frac{1}{3}\int \ln x\,\mathrm{d}(x^3) = \frac{1}{3}\left(x^3\ln x - \int x^3\frac{1}{x}\,\mathrm{d}x\right)$

$$= \frac{x^3}{3}\ln x - \frac{x^3}{9} + C.$$

【例 29】 求 $\int x^2\arctan x\,\mathrm{d}x$.

解 $\displaystyle\int x^2\arctan x\,\mathrm{d}x = \frac{1}{3}\int \arctan x\,\mathrm{d}(x^3)$

$$= \frac{1}{3}\left(x^3\arctan x - \int x^3\frac{1}{1+x^2}\,\mathrm{d}x\right)$$

$$= \frac{x^3}{3}\arctan x - \frac{x^2}{6} + \frac{1}{6}\ln(1+x^2) + C.$$

习题 6-2

1. 用换元积分法求下列不定积分.

(1) $\displaystyle\int (1-x)^3\,\mathrm{d}x$;

(2) $\displaystyle\int \tan x\sec^2 x\,\mathrm{d}x$;

(3) $\displaystyle\int \frac{1+\ln x}{x}\,\mathrm{d}x$;

(4) $\displaystyle\int x\sqrt{1+x^2}\,\mathrm{d}x$;

(5) $\displaystyle\int \frac{1}{x^2}\sin\frac{1}{x}\,\mathrm{d}x$;

(6) $\displaystyle\int \frac{1}{9+x^2}\,\mathrm{d}x$;

(7) $\displaystyle\int \frac{1}{\sqrt{16-x^2}}\,\mathrm{d}x$;

(8) $\displaystyle\int \frac{\sin\sqrt{x}}{\sqrt{x}}\,\mathrm{d}x$;

(9) $\displaystyle\int \frac{1}{1+\sqrt{2x}}\,\mathrm{d}x$;

(10) $\displaystyle\int \frac{1}{\sqrt{a^2+x^2}}\,\mathrm{d}x$　$(a>0)$.

2.用分部积分法求下列不定积分.

(1) $\int \arcsin x \mathrm{d}x$;

(2) $\int x \sin x \mathrm{d}x$;

(3) $\int x \mathrm{e}^{-x} \mathrm{d}x$;

(4) $\int \mathrm{e}^x \sin x \mathrm{d}x$;

(5) $\int \dfrac{\ln x}{x^2} \mathrm{d}x$;

(6) $\int x^2 \cos x \mathrm{d}x$.

6.3　定积分的概念和性质

本节从几何与力学问题出发引进定积分的定义,然后阐述定积分的性质.

6.3.1　定积分问题引例

1.曲边梯形的面积

设函数 $f(x)$ 在区间 $[a,b]$ 上非负、连续.在平面直角坐标系中,由直线 $x=a,x=b$, $y=0$ 及曲线 $y=f(x)$ 所围成的图形称为曲边梯形,其中曲线弧称为曲边,如图 6-2 所示.

我们知道矩形的面积等于底乘以高,现在把曲边梯形分割成条状.每一个细条近似看成小矩形,所有小矩形的面积加起来就是曲边梯形的近似面积,如图 6-2 所示.要想让曲边梯形的面积精确化,只需把细条更细化.严格来说如下:

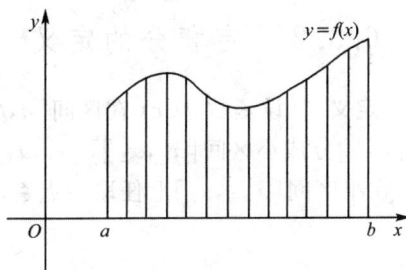

图 6-2

在区间 $[a,b]$ 中插入若干个分点

$$a=x_0<x_1<\cdots<x_{n-1}<x_n=b,$$

把区间 $[a,b]$ 分成 n 个小区间

$$[x_0,x_1],[x_1,x_2],\cdots,[x_{n-1},x_n],$$

它们的长度依次为

$$\Delta x_1=x_1-x_0,\Delta x_2=x_2-x_1,\cdots,\Delta x_n=x_n-x_{n-1}.$$

经过每一个分点作平行于 y 轴的直线段,把曲边梯形分成 n 个小曲边梯形.在每个小区间 $[x_{i-1},x_i]$ 上任取一点 ξ_i ,用以 $[x_{i-1},x_i]$ 为底、$f(\xi_i)$ 为高的小矩形近似代替第 i 个小曲边梯形 $(i=1,2,\cdots,n)$,把这样得到的 n 个小矩形的面积之和作为所求曲边梯形面积 A 的近似值,即

$$A\approx f(\xi_1)\Delta x_1+f(\xi_2)\Delta x_2+\cdots+f(\xi_n)\Delta x_n$$

$$=\sum_{i=1}^{n}f(\xi_i)\Delta x_i.$$

为了保证所有小区间的长度都无限缩小,我们要求小区间长度中的最大值趋于零,如记 $\lambda=\max\{\Delta x_1,\Delta x_2,\cdots,\Delta x_n\}$,则上述条件可表示为 $\lambda\to0$.当 $\lambda\to0$ 时(这时分段数 n 无限增多,即 $n\to\infty$),取上述和式的极限,便得曲边梯形的面积

$$A = \lim_{\lambda \to 0} \sum_{i=1}^{n} f(\xi_i) \Delta x_i.$$

2. 变速直线运动的路程

已知物体直线运动的速度 $v = v(t)$ 是时间 t 的连续函数且 $v(t) > 0$,计算物体在时间段 $[T_1, T_2]$ 内所经过的路程 s. 我们知道匀速直线运动的路程等于速度乘以时间,现在把时间段 $[T_1, T_2]$ 分割成若干小段,每一个小时间段近似看成匀速直线运动,所有小时间段的近似路程加起来就是物体在时间段 $[T_1, T_2]$ 内所经过的近似路程 s. 要想让路程精确化,只需把每个小时间段更小化. 具体过程如下:

(1) 分割:$T_1 = t_0 < t_1 < \cdots < t_{n-1} < t_n = T_2, \Delta t_i = t_i - t_{i-1}$.

(2) 近似代替:物体在时间段 $[t_{i-1}, t_i]$ 内所经过的路程近似为:$v(\tau_i) \Delta t_i$.

(3) 求和:物体在时间段 $[T_1, T_2]$ 内所经过的路程近似为:$s \approx \sum_{i=1}^{n} v(\tau_i) \Delta t_i$.

(4) 取极限:记 $\lambda = \max\{\Delta t_1, \Delta t_2, \cdots, \Delta t_n\}$,物体所经过的路程为:

$$s = \lim_{\lambda \to 0} \sum_{i=1}^{n} v(\tau_i) \Delta t_i.$$

6.3.2　定积分的定义

定义　设函数 $f(x)$ 在区间 $[a, b]$ 上有界,在区间 $[a, b]$ 中任意插入一些分点,把区间 $[a, b]$ 分成小区间 $[x_0, x_1], [x_1, x_2], \cdots, [x_{n-1}, x_n]$,并记 $\Delta x_i = x_i - x_{i-1}, (i = 1, 2, \cdots, n)$,在小区间 $[x_{i-1}, x_i]$ 上任取一点 ξ_i,作和

$$S = \sum_{i=1}^{n} f(\xi_i) \Delta x_i,$$

记 $\lambda = \max\{\Delta x_1, \Delta x_2, \cdots, \Delta x_n\}$,如果当 $\lambda \to 0$ 时,和 S 的极限存在,则称之为 $f(x)$ 在区间 $[a, b]$ 上的定积分,记作

$$\int_a^b f(x) \mathrm{d}x = \lim_{\lambda \to 0} \sum_{i=1}^{n} f(\xi_i) \Delta x_i.$$

其中 $\int$ 叫作积分符号,$f(x)$ 叫作被积函数,$f(x)\mathrm{d}x$ 叫作被积表达式,x 叫作积分变量,a、b 叫作积分下、上限,$[a, b]$ 叫作积分区间.

注:(1) 定义中区间的分法和 ξ_i 的取法是任意的.

(2) 定积分的值只与被积函数及积分区间有关,而与积分变量的记法无关,即

$$I = \int_a^b f(x) \mathrm{d}x = \int_a^b f(t) \mathrm{d}t = \int_a^b f(u) \mathrm{d}u.$$

【例 1】　利用定义计算定积分 $\int_0^1 x \mathrm{d}x$.

分析　利用定积分的定义,为计算方便,可将区间 $[0, 1]$ 等分.

解　将区间 $[0, 1]$ 进行 n 等分,每个小区间的长度为 $\dfrac{i}{n}(i = 0, 1, 2, \cdots, n)$,取 ξ_i 为每个小区间的右端点,得积分和 $\sum_{i=1}^{n} \dfrac{i}{n} \cdot \dfrac{1}{n}$,计算积分和得

$$\sum_{i=1}^{n} \frac{i}{n} \cdot \frac{1}{n} = \frac{1}{n^2} \sum_{i=1}^{n} i = \frac{1}{n^2} \cdot \frac{(1+n)n}{2}$$
$$= \frac{1}{2} + \frac{1}{2n}.$$

由此得

$$\lim_{n \to \infty} \sum_{i=1}^{n} \frac{i}{n} \cdot \frac{1}{n} = \lim_{n \to \infty} \left(\frac{1}{2} + \frac{1}{2n} \right) = \frac{1}{2}.$$

由定积分的定义可知 $\int_0^1 x \mathrm{d}x = \frac{1}{2}$.

6.3.3　定积分存在定理

如果函数 $f(x)$ 在 $[a,b]$ 上的定积分存在,那么就说 $f(x)$ 在 $[a,b]$ 上可积. 对于定积分,函数 $f(x)$ 在 $[a,b]$ 上满足什么条件,$f(x)$ 在 $[a,b]$ 上一定可积?这个问题我们不做深入讨论,而只是给出以下两个充分条件.

定理 1　若函数 $f(x)$ 在区间 $[a,b]$ 上连续,则 $f(x)$ 在区间 $[a,b]$ 上可积.

定理 2　若函数 $f(x)$ 在区间 $[a,b]$ 上有界,且只有有限个第一类间断点,则 $f(x)$ 在区间 $[a,b]$ 上可积.

6.3.4　定积分的几何意义

如图 6-3 所示,

若函数 $f(x)$ 在区间 $[a,b]$ 上有 $f(x) \geqslant 0$,则 $\int_a^b f(x) \mathrm{d}x$ 表示曲边梯形的面积;

若函数 $f(x)$ 在区间 $[a,b]$ 上有 $f(x) \leqslant 0$,则 $\int_a^b f(x) \mathrm{d}x$ 表示曲边梯形的面积的相反数;

若函数 $f(x)$ 在区间 $[a,b]$ 上任意,则 $\int_a^b f(x) \mathrm{d}x$ 表示曲边梯形的面积的代数和.

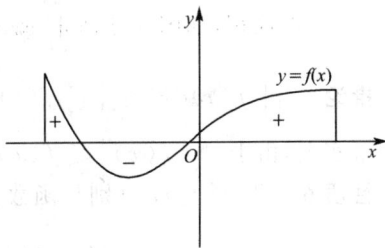

图 6-3

6.3.5　定积分的性质

为了以后计算方便起见,对定积分作以下两点规定:

(1) 当 $a = b$ 时,$\int_a^b f(x) \mathrm{d}x = 0$;

(2) 当 $a > b$ 时,$\int_a^b f(x) \mathrm{d}x = -\int_b^a f(x) \mathrm{d}x$.

下面讨论定积分的性质,下列性质中积分上、下限的大小,如不特别指明,均不加限制;并假定各性质中所列的定积分都是存在的.

性质 1 $\int_a^b [f(x) \pm g(x)] \mathrm{d}x = \int_a^b f(x)\mathrm{d}x \pm \int_a^b g(x)\mathrm{d}x.$

证明 $\int_a^b [f(x) + g(x)] \mathrm{d}x = \lim_{\lambda \to 0} \sum_{i=1}^n [f(\xi_i) + g(\xi_i)] \Delta x_i$

$$= \lim_{\lambda \to 0} \sum_{i=1}^n f(\xi_i) \Delta x_i + \lim_{\lambda \to 0} \sum_{i=1}^n g(\xi_i) \Delta x_i$$

$$= \int_a^b f(x)\mathrm{d}x + \int_a^b g(x)\mathrm{d}x.$$

性质 2 $\int_a^b k f(x)\mathrm{d}x = k \int_a^b f(x)\mathrm{d}x$ （k 为常数）.

性质 3   （积分对区间的可加性）如果 $a < c < b$,则

$$\int_a^b f(x)\mathrm{d}x = \int_a^c f(x)\mathrm{d}x + \int_c^b f(x)\mathrm{d}x.$$

性质 4   如果在区间 $[a,b]$ 上 $f(x) \equiv 1$,则 $\int_a^b 1\mathrm{d}x = b - a.$

性质 5   如果在区间 $[a,b]$ 上有 $f(x) \leqslant g(x)$,则

$$\int_a^b f(x)\mathrm{d}x \leqslant \int_a^b g(x)\mathrm{d}x.$$

【例 2】   比较定积分 $\int_0^{\frac{\pi}{2}} \sin^{10} x\mathrm{d}x$ 与 $\int_0^{\frac{\pi}{2}} \sin^2 x\mathrm{d}x$ 的大小.

解   因为 $|\sin x| \leqslant 1$,所以 $\sin^{10} x \leqslant \sin^2 x$,故

$$\int_0^{\frac{\pi}{2}} \sin^{10} x\mathrm{d}x \leqslant \int_0^{\frac{\pi}{2}} \sin^2 x\mathrm{d}x.$$

推论 $\left| \int_a^b f(x)\mathrm{d}x \right| \leqslant \int_a^b |f(x)| \mathrm{d}x$ $(a < b).$

事实上,由于 $-|f(x)| \leqslant f(x) \leqslant |f(x)|$,分别积分即得.

性质 6   设 M 与 m 分别是函数 $f(x)$ 在闭区间 $[a,b]$ 上的最大值与最小值,则

$$m(b-a) \leqslant \int_a^b f(x)\mathrm{d}x \leqslant M(b-a).$$

【例 3】   估计下列定积分 $\int_1^2 \mathrm{e}^{x^2} \mathrm{d}x$ 的值.

解   设 $f(x) = \mathrm{e}^{x^2}$,则 $f'(x) = 2x\mathrm{e}^{x^2} > 0.$

故 $f(x) = \mathrm{e}^{x^2}$ 在 $(1,2)$ 上单调增加.

从而 $\mathrm{e} < \mathrm{e}^{x^2} < \mathrm{e}^4$,即

$$f(1) < f(x) < f(2),$$

故

$$\mathrm{e} < \int_1^2 \mathrm{e}^{x^2} \mathrm{d}x < \mathrm{e}^4.$$

性质 7   （积分中值定理）如果函数 $f(x)$ 在闭区间 $[a,b]$ 上连续,则在区间 $[a,b]$ 上至少存在一点 ξ,使得

$$\int_a^b f(x)\mathrm{d}x = f(\xi)(b-a).$$

证明 由 $f(x)$ 在 $[a,b]$ 上连续,有 $m \leqslant f(x) \leqslant M$,则

$$m \leqslant \frac{1}{b-a}\int_a^b f(x)\mathrm{d}x \leqslant M,$$

即 $\dfrac{1}{b-a}\displaystyle\int_a^b f(x)\mathrm{d}x$ 是 m,M 之间的某一值. 由连续函数的介值定理,知 $\exists \xi \in [a,b]$,使得

$f(\xi) = \dfrac{1}{b-a}\displaystyle\int_a^b f(x)\mathrm{d}x$ 即得.

若 $f(x)$ 在 $[a,b]$ 上连续,称 $f(\xi) = \dfrac{1}{b-a}\displaystyle\int_a^b f(x)\mathrm{d}x$ 为 $f(x)$ 在 $[a,b]$ 上的平均值.

习题 6-3

1. 利用定积分定义计算下列积分.

(1) $\displaystyle\int_a^b 1\mathrm{d}x \ (a<b)$; (2) $\displaystyle\int_a^b x\mathrm{d}x \ (a<b)$.

2. 利用定积分的几何意义,证明下列等式.

(1) $\displaystyle\int_0^1 2x\mathrm{d}x = 1$; (2) $\displaystyle\int_0^1 \sqrt{1-x^2}\,\mathrm{d}x = 1$;

(3) $\displaystyle\int_{-\frac{\pi}{2}}^{\frac{\pi}{2}} \sin x\mathrm{d}x = 0$; (4) $\displaystyle\int_{-1}^1 x^2\mathrm{d}x = 2\int_0^1 x^2\mathrm{d}x$.

3. 利用定积分几何意义,求下列积分.

(1) $\displaystyle\int_0^1 2\mathrm{d}x$; (2) $\displaystyle\int_{-1}^1 |x|\mathrm{d}x$.

4. 设 $\displaystyle\int_{-1}^1 2f(x)\mathrm{d}x = 4, \int_{-1}^4 f(x)\mathrm{d}x = 3, \int_{-1}^4 g(x)\mathrm{d}x = 5$,求下列定积分.

(1) $\displaystyle\int_{-1}^1 f(x)\mathrm{d}x$; (2) $\displaystyle\int_1^4 f(x)\mathrm{d}x$;

(3) $\displaystyle\int_4^{-1} g(x)\mathrm{d}x$; (4) $\displaystyle\int_{-1}^4 \frac{1}{10}[4f(x)+5g(x)]\mathrm{d}x$.

5. 估计下列各积分的值.

(1) $\displaystyle\int_1^4 x^2\mathrm{d}x$; (2) $\displaystyle\int_{-\frac{\pi}{2}}^{\frac{\pi}{2}} (1+\sin^2 x)\mathrm{d}x$;

(3) $\displaystyle\int_{-1}^1 x\arctan x\mathrm{d}x$; (4) $\displaystyle\int_1^2 \mathrm{e}^x\mathrm{d}x$.

6. 设 $f(x)$ 在 $[0,1]$ 上连续,证明 $\displaystyle\int_0^1 f^2(x)\mathrm{d}x \geqslant \left[\int_0^1 f(x)\mathrm{d}x\right]^2$.

7. 根据定积分的性质,比较下列积分大小.

(1) $\displaystyle\int_0^1 x\mathrm{d}x$ 和 $\displaystyle\int_0^1 x^2\mathrm{d}x$; (2) $\displaystyle\int_1^2 x\mathrm{d}x$ 和 $\displaystyle\int_1^2 x^2\mathrm{d}x$;

(3) $\displaystyle\int_0^1 x\mathrm{d}x$ 和 $\displaystyle\int_0^1 \ln(1+x)\mathrm{d}x$; (4) $\displaystyle\int_0^{\frac{\pi}{2}} \cos x\mathrm{d}x$ 和 $\displaystyle\int_0^{\frac{\pi}{2}} \cos^2 x\mathrm{d}x$.

6.4　微积分基本定理

6.4.1　积分上限的函数及导数

设函数 $f(x)$ 在区间 $[a,b]$ 上连续,于是,对于任意的 $x \in [a,b]$,则由

$$\Phi(x) = \int_a^x f(t) dt$$

所定义的函数,称为变上限的定积分或积分上限的函数.

定理 1　设函数 $f(x)$ 在区间 $[a,b]$ 上连续,则 $\Phi(x) = \int_a^x f(t) dt$ 在 $[a,b]$ 上可导,且

$$\Phi'(x) = \frac{d}{dx} \int_a^x f(t) dt = f(x), x \in [a,b].$$

变上限的定积分的导数为被积函数,即变上限的定积分是被积函数的一个原函数,则有下面的定理:

定理 2　若函数 $f(x)$ 在区间 $[a,b]$ 上连续,则函数 $\Phi(x) = \int_a^x f(t) dt$ 就是 $f(x)$ 在 $[a,b]$ 上的一个原函数.

这个定理的重要意义在于:不但肯定了连续函数的原函数的存在性,同时指出了定积分和原函数之间的联系.因此,我们就有可能通过原函数来计算定积分.

【**例 1**】　求 $f(x) = \int_0^x \frac{1-u+u^2}{1+u+u^2} du$ 的导数.

解　由定理 1 知 $f'(x) = \frac{1-x+x^2}{1+x+x^2}$.

【**例 2**】　求 $f(x) = \int_0^{x^2} \sin t dt$ 的导数.

解　令 $u = x^2$,则 $f(x) = \int_0^{x^2} \sin t dt$ 化为

$$f(u) = \int_0^u \sin t dt.$$

则

$$f'(x) = f'(u) u' = 2x \sin u = 2x \sin x^2.$$

【**例 3**】　函数 $F(x) = \int_{\varphi(x)}^{\psi(x)} f(t) dt$,求 $F'(x)$.

解　$F'(x) = f[\psi(x)] \psi'(x) - f[\varphi(x)] \varphi'(x).$

【**例 4**】　求极限 $\lim\limits_{x \to 0} \dfrac{\int_{\cos x}^1 e^{-t^2} dt}{x^2}$.

解　由于

$$\lim_{x \to 0} \int_{\cos x}^1 e^{-t^2} dt = 0,$$

所以利用洛必达法则,有

$$\lim_{x\to 0}\frac{\int_{\cos x}^{1}\mathrm{e}^{-t^2}\mathrm{d}t}{x^2}=\lim_{x\to 0}\frac{-\mathrm{e}^{-\cos^2 x}\cdot(-\sin x)}{2x}=\frac{1}{2\mathrm{e}}.$$

【例 5】　求极限 $\lim\limits_{x\to+\infty}\dfrac{\left(\int_0^x \mathrm{e}^{t^2}\mathrm{d}t\right)^2}{\int_0^x \mathrm{e}^{2t^2}\mathrm{d}t}.$

解　$\lim\limits_{x\to+\infty}\dfrac{\left(\int_0^x \mathrm{e}^{t^2}\mathrm{d}t\right)^2}{\int_0^x \mathrm{e}^{2t^2}\mathrm{d}t}\xlongequal{\left(\frac{\infty}{\infty}\right)}\lim\limits_{x\to+\infty}\dfrac{\left[\left(\int_0^x \mathrm{e}^{t^2}\mathrm{d}t\right)^2\right]'}{\left(\int_0^x \mathrm{e}^{2t^2}\mathrm{d}t\right)'}$

$=\lim\limits_{x\to+\infty}\dfrac{2\int_0^x \mathrm{e}^{t^2}\mathrm{d}t\cdot\left(\int_0^x \mathrm{e}^{t^2}\mathrm{d}t\right)'}{\mathrm{e}^{2x^2}}=\lim\limits_{x\to+\infty}\dfrac{2\int_0^x \mathrm{e}^{t^2}\mathrm{d}t\cdot\mathrm{e}^{x^2}}{\mathrm{e}^{2x^2}}$

$=\lim\limits_{x\to+\infty}\dfrac{2\int_0^x \mathrm{e}^{t^2}\mathrm{d}t}{\mathrm{e}^{x^2}}=\lim\limits_{x\to+\infty}\dfrac{2\mathrm{e}^{x^2}}{2x\mathrm{e}^{x^2}}=0.$

6.4.2　牛顿-莱布尼茨公式

现在我们根据定理 2 来证明一个重要的定理,它给出了用原函数计算定积分的公式.

定理 3　如果函数 $f(x)$ 在 $[a,b]$ 上连续,$F(x)$ 是 $f(x)$ 的一个原函数,则

$$\int_a^b f(x)\mathrm{d}x=F(b)-F(a).$$

证明　已知 $F(x)$ 是 $f(x)$ 的一个原函数,$\Phi(x)=\int_a^x f(t)\mathrm{d}t$ 也是 $f(x)$ 的一个原函数,则在 $[a,b]$ 上有

$$F(x)-\Phi(x)=C.$$

由于 $\Phi(a)=0$,则有 $F(a)=C$,即

$$F(x)=\Phi(x)+F(a),$$

或

$$\Phi(x)=\int_a^x f(t)\mathrm{d}t=F(x)-F(a).$$

特别地,令 $x=b$,即得

$$\int_a^b f(x)\mathrm{d}x=F(b)-F(a).$$

称公式 $\int_a^b f(x)\mathrm{d}x=[F(x)]_a^b=F(x)\Big|_a^b=F(b)-F(a)$ 为牛顿-莱布尼茨公式,也称为微积分基本公式. 这个公式进一步建立了定积分和原函数或不定积分之间的联系,为定积分的计算提供了一个简单有效的方法:

(1) 求 $f(x)$ 的一个原函数 $F(x)$;

(2) 求 $F(x)$ 在区间 $[a,b]$ 上的增量.

【例 6】 计算 $\int_0^1 x^2 \mathrm{d}x$.

解 $\int_0^1 x^2 \mathrm{d}x = \left[\dfrac{1}{3}x^3\right]_0^1 = \dfrac{1^3}{3} - \dfrac{0^3}{3} = \dfrac{1}{3}$.

【例 7】 计算 $\int_{-2}^{-1} \dfrac{1}{x} \mathrm{d}x$.

解 $\int_{-2}^{-1} \dfrac{1}{x} \mathrm{d}x = \ln|x| \Big|_{-2}^{-1} = -\ln 2$.

【例 8】 计算 $\int_0^{2\pi} |\sin x| \mathrm{d}x$.

解 $\int_0^{2\pi} |\sin x| \mathrm{d}x = \int_0^{\pi} \sin x \mathrm{d}x - \int_{\pi}^{2\pi} \sin x \mathrm{d}x = -\cos x \Big|_0^{\pi} + \cos x \Big|_{\pi}^{2\pi} = 4$.

注：$\int_{-1}^1 \dfrac{1}{x^2} \mathrm{d}x = -\dfrac{1}{x}\Big|_{-1}^1 = -2$，此结果是错误的，因为它不满足牛顿-莱布尼茨公式的条件.

【例 9】 设 $f(x) = \begin{cases} x^2, & x \in [0,1) \\ x, & x \in [1,2] \end{cases}$，求 $\Phi(x) = \int_0^x f(t)\mathrm{d}t, x \in [0,2]$.

解 当 $0 \leqslant x < 1$ 时，
$$\Phi(x) = \int_0^x f(t)\mathrm{d}t = \int_0^x t^2 \mathrm{d}t = \dfrac{1}{3}x^3;$$

当 $1 \leqslant x \leqslant 2$ 时，
$$\Phi(x) = \int_0^x f(t)\mathrm{d}t = \int_0^1 f(t)\mathrm{d}t + \int_1^x f(t)\mathrm{d}t$$
$$= \int_0^1 t^2 \mathrm{d}t + \int_1^x t \mathrm{d}t = \dfrac{1}{3} + \dfrac{x^2 - 1}{2} = \dfrac{x^2}{2} - \dfrac{1}{6}.$$

故
$$\Phi(x) = \begin{cases} \dfrac{x^3}{3}, & 0 \leqslant x < 1 \\ \dfrac{x^2}{2} - \dfrac{1}{6}, & 1 \leqslant x \leqslant 2 \end{cases}.$$

习题 6-4

1. 试求函数 $y = \int_0^x t\mathrm{d}t$ 的导数，以及当 $x = 0$ 和 $x = 1$ 时的导数.

2. 求由参数表达式 $x = \int_0^t \sin u \mathrm{d}u, y = \int_0^t u \mathrm{d}u$ 所确定的函数对 x 的导数 $\dfrac{\mathrm{d}y}{\mathrm{d}x}$.

3. 当 x 取何值时，函数 $f(x) = \int_0^x t\mathrm{e}^{-t^2} \mathrm{d}t$ 有极值?

4. 计算下列导数.

(1) $\dfrac{\mathrm{d}}{\mathrm{d}x} \int_0^{x^2} \sin t \mathrm{d}t$;

(2) $\dfrac{\mathrm{d}}{\mathrm{d}x} \int_x^0 \sqrt{t^2 + 1} \mathrm{d}t$;

(3) $\dfrac{\mathrm{d}}{\mathrm{d}x}\displaystyle\int_{x^2}^{x^3} t\ln t\,\mathrm{d}t$；　　　　　　(4) $\dfrac{\mathrm{d}}{\mathrm{d}x}\displaystyle\int_{\sin x}^{\cos x}\cos(\pi t)\,\mathrm{d}t$.

5. 计算下列各定积分.

(1) $\displaystyle\int_0^1 (x^3 + x^2 + x + 1)\,\mathrm{d}x$；　　　(2) $\displaystyle\int_1^2 \dfrac{1}{x} + \dfrac{1}{x^2} + \dfrac{1}{x^3}\,\mathrm{d}x$；

(3) $\displaystyle\int_1^3 (\sqrt{x} + \dfrac{1}{\sqrt{x}})\,\mathrm{d}x$；　　　(4) $\displaystyle\int_0^{\frac{\pi}{2}} (\sin x + \cos x)\,\mathrm{d}x$；

(5) $\displaystyle\int_{\frac{\sqrt{2}}{2}}^1 \dfrac{1}{\sqrt{1-x^2}}\,\mathrm{d}x$；　　　(6) $\displaystyle\int_1^{\sqrt{3}} \dfrac{1}{1+x^2}\,\mathrm{d}x$；

(7) $\displaystyle\int_0^{\frac{\pi}{4}} \tan^2 x\,\mathrm{d}x$；　　　　(8) $\displaystyle\int_0^1 \dfrac{\mathrm{d}x}{1+x}$；

(9) $\displaystyle\int_{-1}^1 |x|\,\mathrm{d}x$；　　　　　(10) $\displaystyle\int_0^{2\pi} |\cos x|\,\mathrm{d}x$.

6. 求下列极限.

(1) $\displaystyle\lim_{x\to 0} \dfrac{\displaystyle\int_0^x \cos t^2\,\mathrm{d}t}{x}$；　　　　(2) $\displaystyle\lim_{x\to 0} \dfrac{\left(\displaystyle\int_0^x \mathrm{e}^{t^2}\,\mathrm{d}t\right)^2}{\displaystyle\int_0^x t\mathrm{e}^{2t^2}\,\mathrm{d}t}$.

7. 设 $f(x) = \begin{cases} \dfrac{1}{2}\sin x, & 0 \leqslant x \leqslant \pi \\ 0, & x < 0\ \text{或}\ x > \pi \end{cases}$，求 $\varPhi(x) = \displaystyle\int_0^x f(t)\,\mathrm{d}t$ 在 $(-\infty, +\infty)$ 内的

表达式.

6.5　定积分的换元法与分部积分法

利用牛顿-莱布尼茨公式计算定积分时，首先需要求出被积函数的一个原函数，因此，可以利用不定积分的换元积分法和分部积分法来求出一个原函数. 将不定积分的换元积分法和分部积分法用于计算定积分，便得到了定积分的换元法和分部积分法.

6.5.1　定积分的换元法

定理　设函数 $f(x)$ 在 $[a,b]$ 上连续，且 $x = \varphi(t)$，如果 $x = \varphi(t)$ 满足条件：

(1) $\varphi(\alpha) = a$，$\varphi(\beta) = b$；

(2) 当 $t \in [\alpha, \beta]$（或 $[\beta, \alpha]$）时，$\varphi(t) \in [a, b]$；

(3) $\varphi(t)$ 在 $[\alpha, \beta]$ 上具有连续导数，则有

$$\int_a^b f(x) = \int_\alpha^\beta f[\varphi(t)]\varphi'(t)\,\mathrm{d}t.$$

【例 1】　计算 $\displaystyle\int_0^8 \dfrac{1}{1+\sqrt[3]{x}}\,\mathrm{d}x$.

解　设 $\sqrt[3]{x} = t$，则 $x = t^3$，$\mathrm{d}x = 3t^2\,\mathrm{d}t$，当 $x = 0$ 时，$t = 0$；当 $x = 8$ 时，$t = 2$.

$$\int_0^8 \dfrac{\mathrm{d}x}{1+\sqrt[3]{x}} = \int_0^2 \dfrac{3t^2}{1+t}\,\mathrm{d}t = 3\int_0^2 \dfrac{t^2-1+1}{1+t}\,\mathrm{d}t = 3\int_0^2 \left(t - 1 + \dfrac{1}{1+t}\right)\mathrm{d}t$$

$$= 3\left[\frac{1}{2}t^2 - t + \ln(1+t)\right]_0^2 = 3\ln3.$$

【例2】　计算 $\int_0^1 \frac{\mathrm{d}x}{3x+1}$.

解　设 $t = 3x+1$,则 $\mathrm{d}t = 3\mathrm{d}x$,当 $x = 0$ 时,$t = 1$;当 $x = 1$ 时,$t = 4$.

$$\int_0^1 \frac{\mathrm{d}x}{3x+1} = \int_1^4 \frac{\frac{1}{3}\mathrm{d}t}{t} = \int_1^4 \frac{1}{3t}\mathrm{d}t = \left[\frac{1}{3}\ln\mid t\mid\right]_1^4$$

$$= \frac{1}{3}(\ln4 - \ln1) = \frac{1}{3}\ln4 = \frac{2}{3}\ln2.$$

【例3】　计算 $\int_0^1 \frac{x}{1+x^2}\mathrm{d}x$.

解　方法 1　设 $x = \tan t, \mathrm{d}x = \sec^2 t\mathrm{d}t$,当 $x = 0$ 时,$t = 0$;当 $x = 1$ 时,$t = \frac{\pi}{4}$.

$$\int_0^1 \frac{x}{1+x^2}\mathrm{d}x = \int_0^{\frac{\pi}{4}} \frac{\tan t \cdot \sec^2 t}{\sec^2 t}\mathrm{d}t = \int_0^{\frac{\pi}{4}} \tan t\mathrm{d}t$$

$$= [-\ln\mid\cos t\mid]_0^{\frac{\pi}{4}} = -\ln\frac{\sqrt{2}}{2} = \frac{1}{2}\ln2.$$

方法 2　$\int_0^1 \frac{x}{1+x^2}\mathrm{d}x = \frac{1}{2}\int_0^1 \frac{\mathrm{d}(1+x^2)}{1+x^2} = \left[\frac{1}{2}\ln\mid 1+x^2\mid\right]_0^1 = \frac{1}{2}\ln2$.

应用换元公式时有两点值得注意:(1)用 $x = \varphi(t)$ 把原来变量 x 代换成新变量 t 时,积分限也要换成相应于新变量 t 的积分限;(2)求出 $f[\varphi(t)]\varphi'(t)$ 的一个原函数 $\varphi(t)$ 后,不必像计算不定积分那样再把 $\varphi(t)$ 变成原来变量 x 的函数,而只要把新变量 t 的上、下限分别代入 $\varphi(t)$ 中相减就可以了.

【例4】　计算 $\int_0^1 x\mathrm{e}^{-x^2}\mathrm{d}x$.

解　$\int_0^1 x\mathrm{e}^{-x^2}\mathrm{d}x = -\frac{1}{2}\int_0^1 \mathrm{e}^{-x^2}\mathrm{d}(-x^2) = -\frac{1}{2}\mathrm{e}^{-x^2}\Big|_0^1 = \frac{1}{2} - \frac{1}{2\mathrm{e}}$.

【例5】　计算 $\int_0^1 \frac{\mathrm{d}x}{(1+5x)^2}$.

解　$\int_0^1 \frac{\mathrm{d}x}{(1+5x)^2} = \frac{1}{5}\int_0^1 \frac{\mathrm{d}(1+5x)}{(1+5x)^2} = \frac{1}{5}\left(-\frac{1}{1+5x}\right)\Big|_0^1 = \frac{1}{6}$.

【例6】　计算 $\int_0^{\frac{\pi}{2}} \cos^2 x\sin x\mathrm{d}x$.

解　$\int_0^{\frac{\pi}{2}} \cos^2 x\sin x\mathrm{d}x = -\int_0^{\frac{\pi}{2}} \cos^2 x\mathrm{d}(\cos x) = -\frac{\cos^3 x}{3}\Big|_0^{\frac{\pi}{2}} = \frac{1}{3}$.

【例7】　计算 $\int_1^{\mathrm{e}} \frac{\ln x}{x}\mathrm{d}x$.

解　$\int_1^{\mathrm{e}} \frac{\ln x}{x}\mathrm{d}x = \int_1^{\mathrm{e}} \ln x\mathrm{d}(\ln x) = \frac{1}{2}(\ln x)^2\Big|_1^{\mathrm{e}} = \frac{1}{2}$.

【例8】　设函数 $f(x)$ 在闭区间 $[-a, a]$ 上连续,证明:

(1)当 $f(x)$ 为奇函数时,$\int_{-a}^a f(x)\mathrm{d}x = 0$.

（2）当 $f(x)$ 为偶函数时，$\int_{-a}^{a} f(x)\mathrm{d}x = 2\int_{0}^{a} f(x)\mathrm{d}x$.

证明　利用定积分对积分区间的可加性，有

$$\int_{-a}^{a} f(x)\mathrm{d}x = \int_{-a}^{0} f(x)\mathrm{d}x + \int_{0}^{a} f(x)\mathrm{d}x,$$

对定积分 $\int_{-a}^{0} f(x)\mathrm{d}x$ 作代换，设 $x = -t, \mathrm{d}x = -\mathrm{d}t.$ 当 $x = -a$ 时，$t = a$；当 $x = 0$ 时，$t = 0.$ 于是

$$\int_{-a}^{a} f(x)\mathrm{d}x = \int_{-a}^{0} f(x)\mathrm{d}x + \int_{0}^{a} f(x)\mathrm{d}x$$

$$= -\int_{-a}^{0} f(-t)\mathrm{d}t + \int_{0}^{a} f(x)\mathrm{d}x$$

$$= \int_{0}^{a} f(-x)\mathrm{d}x + \int_{0}^{a} f(x)\mathrm{d}x$$

$$= \int_{0}^{a} [f(-x) + f(x)]\mathrm{d}x,$$

即

$$\int_{-a}^{a} f(x)\mathrm{d}x = \int_{0}^{a} [f(x) + f(-x)]\mathrm{d}x.$$

因此，（1）若 $f(x)$ 为奇函数，则 $f(-x) + f(x) = 0.$ 于是，$\int_{-a}^{a} f(x)\mathrm{d}x = 0.$

（2）若 $f(x)$ 为偶函数，$f(-x) + f(x) = 2f(x).$ 于是，$\int_{-a}^{a} f(x)\mathrm{d}x = 2\int_{0}^{a} f(x)\mathrm{d}x.$

从直观上看，该例题反映了对称区间上奇函数的正负面积相消，偶函数的面积是半区间上面积的两倍这一事实。

该例题的结论在计算偶函数、奇函数在关于原点对称的区间上的定积分时，经常被用来简化运算。

【例 9】　计算 $\int_{-\frac{\pi}{4}}^{\frac{\pi}{4}} \dfrac{1 + x^3}{\cos^2 x}\mathrm{d}x.$

解　由于 $\dfrac{1}{\cos^2 x}$ 是 $\left[-\dfrac{\pi}{4}, \dfrac{\pi}{4}\right]$ 上的偶函数，$\dfrac{x^3}{\cos^2 x}$ 是 $\left[-\dfrac{\pi}{4}, \dfrac{\pi}{4}\right]$ 上的奇函数，则

$$\int_{-\frac{\pi}{4}}^{\frac{\pi}{4}} \frac{1 + x^3}{\cos^2 x}\mathrm{d}x = \int_{-\frac{\pi}{4}}^{\frac{\pi}{4}} \frac{1}{\cos^2 x}\mathrm{d}x + \int_{-\frac{\pi}{4}}^{\frac{\pi}{4}} \frac{x^3}{\cos^2 x}\mathrm{d}x$$

$$= 2\int_{0}^{\frac{\pi}{4}} \frac{1}{\cos^2 x}\mathrm{d}x + 0$$

$$= 2\int_{0}^{\frac{\pi}{4}} \sec^2 x\,\mathrm{d}x = 2\tan x\Big|_{0}^{\frac{\pi}{4}} = 2.$$

【例 10】　计算 $\int_{-1}^{1} \dfrac{1 + \sin x}{1 + x^2}\mathrm{d}x.$

解　由于 $\dfrac{1}{1 + x^2}$ 是 $[-1, 1]$ 上的偶函数，$\dfrac{\sin x}{1 + x^2}$ 是 $[-1, 1]$ 上的奇函数，则

$$\int_{-1}^{1} \frac{1 + \sin x}{1 + x^2}\mathrm{d}x = \int_{-1}^{1} \frac{1}{1 + x^2}\mathrm{d}x + \int_{-1}^{1} \frac{\sin x}{1 + x^2}\mathrm{d}x$$

$$= 2\int_0^1 \frac{1}{1+x^2}\mathrm{d}x + 0$$

$$= 2\arctan x \Big|_0^1 = 2 \times \frac{\pi}{4} = \frac{\pi}{2}.$$

6.5.2　定积分的分部积分法

设函数 $u(x),v(x)$ 在 $[a,b]$ 上具有连续导数,则有

$$(uv)' = u'v + uv',$$

移项得

$$uv' = (uv)' - u'v.$$

等式两端分别在 $[a,b]$ 上求定积分,有

$$\int_a^b uv'\mathrm{d}x = [uv]_a^b - \int_a^b u'v\mathrm{d}x,$$

或

$$\int_a^b u\mathrm{d}v = [uv]_a^b - \int_a^b v\mathrm{d}u.$$

这就是定积分的分部积分公式.公式表明原函数已经积出的部分可以先将上、下限代入.

【例 11】　计算 $\int_0^1 x\mathrm{e}^x \mathrm{d}x.$

解　$\int_0^1 x\mathrm{e}^x\mathrm{d}x = \int_0^1 x\mathrm{d}(\mathrm{e}^x) = (x\mathrm{e}^x)\Big|_0^1 - \int_0^1 \mathrm{e}^x\mathrm{d}x$

$$= \mathrm{e} - \mathrm{e}^x\Big|_0^1 = \mathrm{e} - (\mathrm{e}^1 - 1) = 1.$$

【例 12】　计算 $\int_0^\pi x\cos x\mathrm{d}x.$

解　$\int_0^\pi x\cos x\mathrm{d}x = \int_0^\pi x\mathrm{d}(\sin x) = (x\sin x)\Big|_0^\pi - \int_0^\pi \sin x\mathrm{d}x$

$$= 0 - (-\cos x)\Big|_0^\pi = -2.$$

【例 13】　计算 $\int_0^{\frac{\pi}{2}} x\sin x\mathrm{d}x.$

$$\int_0^{\frac{\pi}{2}} x\sin x\mathrm{d}x = -\int_0^{\frac{\pi}{2}} x\mathrm{d}(\cos x) = -\left[(x\cos x)\Big|_0^{\frac{\pi}{2}} - \int_0^{\frac{\pi}{2}} \cos x\mathrm{d}x\right]$$

$$= -(x\cos x)\Big|_0^{\frac{\pi}{2}} + \int_0^{\frac{\pi}{2}} \cos x\mathrm{d}x = 1.$$

【例 14】　计算 $\int_0^{\frac{\pi}{2}} \mathrm{e}^{2x}\cos x\mathrm{d}x.$

解　$\int_0^{\frac{\pi}{2}} \mathrm{e}^{2x}\cos x\mathrm{d}x = \frac{1}{2}\int_0^{\frac{\pi}{2}} \cos x\mathrm{d}(\mathrm{e}^{2x})$

$$= \frac{1}{2}\left[(\mathrm{e}^{2x}\cos x)\Big|_0^{\frac{\pi}{2}} - \int_0^{\frac{\pi}{2}} \mathrm{e}^{2x}\mathrm{d}(\cos x)\right]$$

$$= \frac{1}{2}(e^{2x}\cos x)\Big|_0^{\frac{\pi}{2}} + \frac{1}{2}\int_0^{\frac{\pi}{2}} e^{2x}\sin x\,dx$$

$$= -\frac{1}{2} + \frac{1}{2}\int_0^{\frac{\pi}{2}} e^{2x}\sin x\,dx$$

$$= -\frac{1}{2} + \frac{1}{4}\int_0^{\frac{\pi}{2}} \sin x\,d(e^{2x})$$

$$= -\frac{1}{2} + \frac{1}{4}\left[(e^{2x}\sin x)\Big|_0^{\frac{\pi}{2}} - \int_0^{\frac{\pi}{2}} e^{2x}d(\sin x)\right]$$

$$= -\frac{1}{2} + \frac{1}{4}(e^{2x}\sin x)\Big|_0^{\frac{\pi}{2}} - \frac{1}{4}\int_0^{\frac{\pi}{2}} e^{2x}\cos x\,dx$$

$$= -\frac{1}{2} + \frac{e^{\pi}}{4} - \frac{1}{4}\int_0^{\frac{\pi}{2}} e^{2x}\cos x\,dx,$$

移项,合并同类项得

$$\frac{5}{4}\int_0^{\frac{\pi}{2}} e^{2x}\cos x\,dx = -\frac{1}{2} + \frac{e^{\pi}}{4},$$

$$\int_0^{\frac{\pi}{2}} e^{2x}\cos x\,dx = \frac{e^{\pi}}{5} - \frac{2}{5}.$$

习题 6-5

1. 计算下列定积分.

(1) $\int_0^1 (1+2x)^3\,dx$;

(2) $\int_0^2 \frac{1}{(2x+1)^2}\,dx$;

(3) $\int_0^{\frac{\pi}{2}} \sin^2 x\cos x\,dx$;

(4) $\int_0^{\frac{\pi}{2}} \sin^3 x\cos x\,dx$;

(5) $\int_0^3 \frac{x}{\sqrt{x+1}}\,dx$;

(6) $\int_0^3 \frac{x}{\sqrt{4+x^2}}\,dx$;

(7) $\int_0^a \sqrt{a^2-x^2}\,dx$;

(8) $\int_0^2 \sqrt{4-x^2}\,dx$;

(9) $\int_1^5 \frac{\sqrt{x-1}}{x}\,dx$;

(10) $\int_1^8 \frac{1}{x+\sqrt[3]{x}}\,dx$.

2. 计算下列定积分.

(1) $\int_0^1 xe^{-x}\,dx$;

(2) $\int_1^e x\ln x\,dx$;

(3) $\int_1^e \ln x\,dx$;

(4) $\int_0^1 \arcsin x\,dx$;

(5) $\int_0^{\pi} x^2\sin x\,dx$;

(6) $\int_0^{\frac{\pi}{4}} x\cos x\,dx$.

6.6　定积分的应用

前面我们由实际问题引出定积分的定义,介绍了定积分的基本性质与计算方法.下面利用定积分解决一些应用方面的问题.

6.6.1 定积分求平面图形的面积

根据定积分的几何意义,我们可以求出下面几类平面图形的面积:

(1) 如图 6-4 所示,由曲线 $y = f(x), f(x) \geqslant 0$ 以及直线 $x = a, x = b$ 和 x 轴所围成的图形的面积为

$$A = \int_a^b f(x) \mathrm{d}x.$$

(2) 如图 6-5 所示,由两条曲线 $y = f(x)$, $y = g(x)$ 以及直线 $x = a, x = b$ 所围成的图形的面积为

$$A = \int_a^b |f(x) - g(x)| \mathrm{d}x.$$

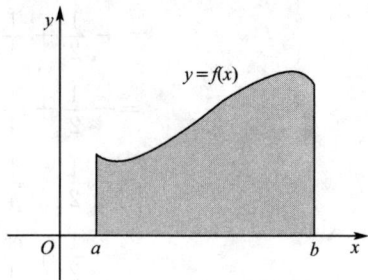

图 6-4

(3) 如图 6-6 所示,由两条曲线 $x = \psi(y), x = \varphi(y)$ 以及直线 $y = c, y = d$ 所围成的图形的面积为

$$A = \int_c^b |\varphi(y) - \psi(y)| \mathrm{d}y.$$

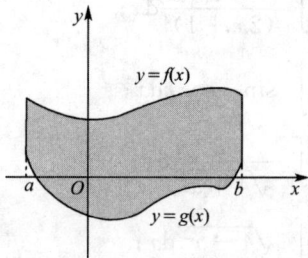

图 6-5

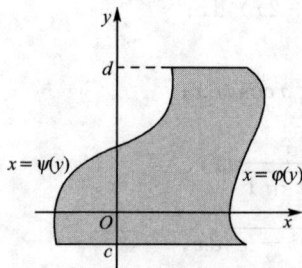

图 6-6

【例 1】 计算由两条抛物线 $y^2 = x, y = x^2$ 所围成的图形的面积.

解 画出图形,如图 6-7 所示.为了具体定出图形所在范围,求出它们的交点,由 $\begin{cases} y^2 = x \\ y = x^2 \end{cases}$ 得交点 $(0,0)$ 及 $(1,1)$,在区间 $[0,1]$ 上求定积分即得所求图形的面积,则有

$$A = \int_0^1 (\sqrt{x} - x^2) \mathrm{d}x = \left(\frac{2}{3} x^{\frac{3}{2}} - \frac{x^3}{3} \right) \Big|_0^1 \frac{1}{3}.$$

【例 2】 计算由曲线 $y^2 = 2x$ 与直线 $y = x - 4$ 所围成的图形的面积.

解 画出图形,如图 6-8 所示,由方程组 $\begin{cases} y^2 = 2x \\ y = x - 4 \end{cases}$ 解得它们的交点为 $A(2, -2)$, $B(8, 4)$.

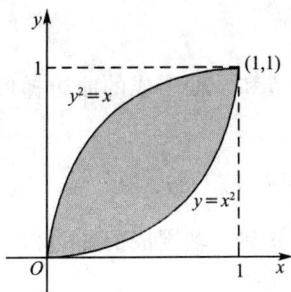

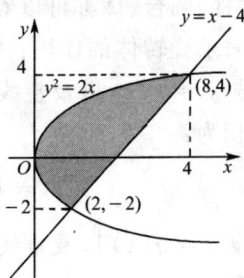

图 6-7　　　　　　　　　　　　　　　　图 6-8

若选横坐标 x 为积分变量,则 x 的变化范围为 $[0,8]$,从图中可以看出,所求面积为

$$A = \int_0^2 \left[\sqrt{2x} - (-\sqrt{2x}) \right] \mathrm{d}x + \int_2^8 \left[\sqrt{2x} - (x-4) \right] \mathrm{d}x$$

$$= 2\sqrt{2} \int_0^2 \sqrt{x}\,\mathrm{d}x + \int_2^8 (\sqrt{2x} - x + 4)\,\mathrm{d}x = 18.$$

若选纵坐标 y 为积分变量,则 y 的变化范围为 $[-2,4]$,从图中可以看出,所求面积为

$$A = \int_{-2}^4 \left(y + 4 - \frac{1}{2}y^2 \right) \mathrm{d}y$$

$$= \left[\frac{1}{2}y^2 + 4y - \frac{1}{6}y^3 \right]_{-2}^4 = 18.$$

比较两种解法可看到,恰当选择积分变量,可使计算简便.

【例 3】　求椭圆 $\dfrac{x^2}{a^2} + \dfrac{y^2}{b^2} = 1$ 所围成图形的面积.

解　　因为该椭圆关于两坐标轴对称,所以

$$A = 4A_1 = 4\int_0^a y\,\mathrm{d}x = \frac{4b}{a} \int_0^a \sqrt{a^2 - x^2}\,\mathrm{d}x$$

$$= \frac{4b}{a} \cdot \frac{1}{4}\pi a^2 = \pi ab.$$

利用椭圆参数方程 $\begin{cases} x = a\cos t \\ y = b\sin t \end{cases}$,应用定积分换元法,令 $x = a\cos t$, $y = b\sin t$,则 $\mathrm{d}x = -a\sin t\,\mathrm{d}t$. 当 $x = 0$ 时, $t = \dfrac{\pi}{2}$;当 $x = a$ 时, $t = 0$. 于是

$$A = 4\int_0^a y\,\mathrm{d}x = 4\int_{\frac{\pi}{2}}^0 b\sin t(-a\sin t)\,\mathrm{d}t$$

$$= 4ab \int_0^{\frac{\pi}{2}} \sin^2 t\,\mathrm{d}t$$

$$= 4ab \cdot \frac{1}{2} \cdot \frac{\pi}{2} = \pi ab.$$

6.6.2　定积分求体积

1. 旋转体的体积

一平面图形绕该平面内的一条直线旋转一周而成的立体称为旋转体,这条直线称为

旋转体的轴. 圆柱、圆台、球都可以看成旋转体.

下面我们来求旋转体的体积：

（1）由曲线 $y = f(x)$ 以及直线 $x = a, x = b$ 和 x 轴围成的曲边梯形绕 x 轴旋转而成的旋转体的体积为：

$$V = \int_a^b \mathrm{d}V = \pi \int_a^b [f(x)]^2 \mathrm{d}x.$$

（2）由曲线 $x = \varphi(y)$ 以及直线 $y = c, y = d$ 和 y 轴围成的曲边梯形绕 y 轴旋转而成的旋转体的体积为：

$$V = \pi \int_c^d [\varphi(y)]^2 \mathrm{d}y.$$

【例4】　证明底面半径为 r，高为 h 的圆锥的体积为 $V = \dfrac{1}{3} \pi r^2 h$.

证明　如图 6-9 所示，圆锥可以看成由直线 $y = \dfrac{r}{h} x, x = h$ 及 x 轴围成的三角形绕 x 轴旋转一周所成的旋转体，则圆锥的体积为

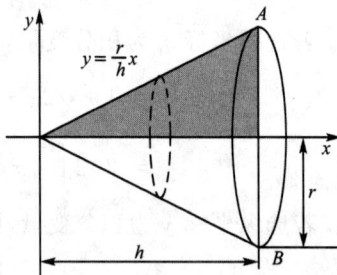

图 6-9

$$V = \int_0^h \pi \left(\frac{r}{h} x \right)^2 \mathrm{d}x = \pi \frac{r^2}{h^2} \int_0^h x^2 \mathrm{d}x$$

$$= \frac{\pi r^2}{h^2} \left(\frac{x^3}{3} \right) \Big|_0^h = \frac{1}{3} \pi r^2 h.$$

【例5】　如图 6-10 所示，求由 $x^2 + y^2 = 2$ 和 $y = x^2$ 所围成的图形绕 x 轴旋转而成的旋转体的体积.

解　由于绕 x 轴旋转，取积分变量为 x. 解方程组 $\begin{cases} x^2 + y^2 = 2 \\ y = x^2 \end{cases}$，得交点坐标为 $(-1, 1)$ 和 $(1,1)$，从而积分区间为 $[-1,1]$. 则所求旋转体的体积为

$$V = \int_{-1}^1 \pi [(2 - x^2) - x^4] \mathrm{d}x = 2\pi \left(2x - \frac{x^3}{3} - \frac{x^5}{5} \right) \Big|_0^1 = \frac{44}{15} \pi.$$

【例6】　如图 6-11 所示，求由 $y = x^2$ 与 $y^2 = x$ 所围成的图形绕 y 轴旋转而成的旋转体的体积.

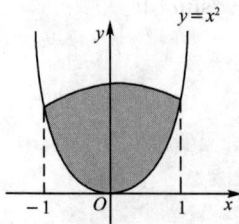

图 6-10

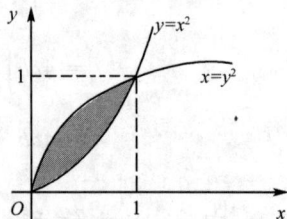

图 6-11

解　由于绕 y 轴旋转，取积分变量为 y. 解方程组 $\begin{cases} y = x^2 \\ y^2 = x \end{cases}$，得交点坐标为 $(0,0)$ 和

$(1,1)$,从而积分区间为$[0,1]$,则所求旋转体的体积为

$$V = \int_0^1 \pi(y - y^4)\,\mathrm{d}y = \pi\left(\frac{y^2}{2} - \frac{y^5}{5}\right)\Big|_0^1 = \frac{3}{10}\pi.$$

【例 7】 求椭圆$\dfrac{x^2}{a^2} + \dfrac{y^2}{b^2} = 1(a > b > 0)$绕$x$轴旋转一周而成的旋转体的体积.

解　如图 6-12,根据对称性,可先求椭圆右半部的体积,右半部是曲边梯形OAB绕x轴旋转而成的.曲边AB的方程为$y = \dfrac{b}{a}\sqrt{a^2 - x^2}$.

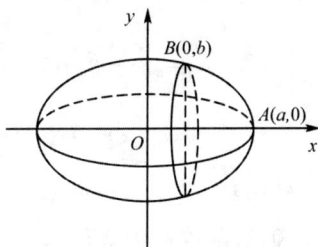

由于绕x轴旋转,取积分变量为x,积分区间为$[0,a]$,则所求旋转体的体积为

图 6-12

$$\begin{aligned}
V &= 2\pi\int_0^a \frac{b^2}{a^2}(a^2 - x^2)\,\mathrm{d}x \\
&= 2\pi\frac{b^2}{a^2}\int_0^a (a^2 - x^2)\,\mathrm{d}x \\
&= 2\pi\frac{b^2}{a^2}\left(a^2 x - \frac{x^3}{3}\right)\Big|_0^a \\
&= 2\pi\frac{b^2}{a^2}\left(a^2 - \frac{a^3}{3}\right) = \frac{4}{3}\pi ab^2.
\end{aligned}$$

【例 8】　如图 6-13 所示,求由抛物线$y = \sqrt{x}$与直线$y = 1$和y轴围成的平面图形绕y轴旋转而成的旋转体的体积.

解　由于绕y轴旋转,取积分变量为y,积分区间为$[0,1]$,则所求旋转体的体积为

$$V = \pi\int_0^1 y^4\,\mathrm{d}y = \frac{\pi}{5}y^5\Big|_0^1 = \frac{\pi}{5}.$$

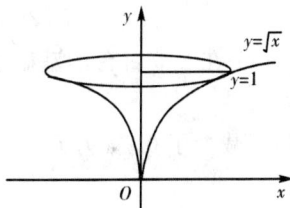

图 6-13

6.6.3　定积分在经济中的应用

在第 3 章我们研究了导数在经济方面的应用,可以对经济函数进行边际分析和弹性分析,但在实际中往往还要涉及已知边际函数或弹性函数,求原函数的问题,就需要利用定积分或不定积分来完成,根据导数与积分的关系有:

(1) 已知边际成本$MC(Q)$,求总成本$C(Q)$.

有$C(Q) = \displaystyle\int_0^Q MC(x)\,\mathrm{d}x + C(0)$,其中$C(0)$是固定成本,一般不为零.

(2) 已知边际收益$MR(Q)$,求总成本$R(Q)$.

有$R(Q) = \displaystyle\int_0^Q MR(x)\,\mathrm{d}x + R(0) = \int_0^Q MR(x)\,\mathrm{d}x$,其中$R(0) = 0$被称为自然条件,意指当销售量为 0 时,自然收益为 0.

下面通过实例说明定积分在经济方面的应用.

【例9】 已知某产品边际成本函数 $MC(Q) = Q + 24$ 且固定成本为 1 000 元,求总成本函数 $C(Q)$.

解　$C(Q) = \int_0^Q MC(x)\mathrm{d}x + C(0) = \int_0^Q (x + 24)\mathrm{d}x + 1\,000$

$$= \left[\frac{1}{2}x^2 + 24x \right]_0^Q + 1\,000$$

$$= \frac{1}{2}Q^2 + 24Q + 1\,000.$$

【例10】 某工厂生产某产品 Q(百台)的边际成本为 $MC(Q) = 2$ 万元 / 百台.设固定成本为 0,边际收益为 $MR(Q) = (7 - 2Q)$ 万元 / 百台.问:

(1) 生产量为多少时,总利润 L 最大?最大总利润是多少?

(2) 在利润最大的生产量的基础上又生产了 50 台,总利润减少多少?

解　(1) 因为

$$C(Q) = \int_0^Q MC(x)\mathrm{d}x + C(0) = \int_0^Q 2\mathrm{d}x = 2Q,$$

$$R(Q) = \int_0^Q MR(x)\mathrm{d}x = \int_0^Q (7 - 2x)\mathrm{d}x = 7Q - Q^2,$$

所以利润函数 $L(Q) = R(Q) - C(Q) = 5Q - Q^2$,则 $L'(Q) = 5 - 2Q$. 令 $L'(Q) = 0$,得唯一驻点 $Q = 2.5$,且有 $L''(Q) = -2 < 0$.

故 $Q = 2.5$,即产量为 2.5 百台时,有最大利润,最大利润为

$$L(2.5) = 5 \times 2.5 - (2.5)^2 = 6.25(万元).$$

(2) 在 2.5 百台的基础上又生产了 50 台,即生产 3 百台,此时利润为

$$L(3) = 5 \times 3 - 3^2 = 6(万元).$$

即利润减少了 0.25 万元.

习题 6-6

1. 求由抛物线 $y^2 = x$ 与直线 $x - 2y - 3 = 0$ 所围成的平面图形的面积.

2. 由 $2(y-1)^2 = x$ 与 $(y-1)^2 = x - 1$ 所围成的平面图形的面积为_____.

3. 由摆线 $x = a(t - \sin t), y = a(1 - \cos t)(a > 0)$ 的一拱($0 \leqslant t \leqslant 2\pi$)与 x 轴所围成的平面图形的面积为_____.

4. 由 $y = 2x - x^2, y = 0$ 绕 y 轴旋转一周而成的立体的体积为_____.

5. 求圆 $x^2 + (y - R)^2 \leqslant r^2 (0 < r < R)$ 绕 x 轴旋转一周而成的环状立体的体积.

6. 求曲线 b,直线 $y = x - 2$ 及 y 轴所围成的图形的面积.

7. 求曲线 $y = x^2$ 与 $y = 2x$ 所围成的图形的面积.

总复习题六

一、填空题

1. 如果 e^{-x} 是函数 $f(x)$ 的一个原函数,则 $\int f(x)\mathrm{d}x = $ _____.

2. 若 $\int f(x)\mathrm{d}x = 2\cos\dfrac{x}{2} + C$,则 $f(x) = $ _____.

3. 设 $f(x) = \dfrac{1}{x}$,则 $\int f'(x)\mathrm{d}x = $ _____.

4. $\int f(x)\mathrm{d}[f(x)] = $ _____.

5. $\int \sin x\cos x\mathrm{d}x = $ _____.

6. $\int_0^{2\pi} \sin x\mathrm{d}x = $ _____.

7. $\int_2^3 \left(2x - \dfrac{1}{x^2}\right)\mathrm{d}x = $ _____.

8. $\int_1^{\mathrm{e}} \left(\dfrac{1}{x} + 2^x\ln 2\right)\mathrm{d}x = $ _____.

9. $\int_{-\frac{\pi}{4}}^{\frac{\pi}{4}} \cos 2x\mathrm{d}x = $ _____.

10. $\int_0^1 \sqrt{1 - x^2}\,\mathrm{d}x = $ _____.

二、单项选择题

1. 设 $\int f(x)\mathrm{d}x = \dfrac{3}{4}\ln\sin 4x + C$,则 $f(x) = $ (　　).

A. $\cot 4x$　　　　　　　　　　B. $-\cot 4x$

C. $3\cos 4x$　　　　　　　　　　D. $3\cot 4x$

2. $\int \dfrac{\ln x}{x}\mathrm{d}x = $ (　　).

A. $\dfrac{1}{2}x\ln^2 x + C$　　　　　　　B. $\dfrac{1}{2}\ln^2 x + C$

C. $\dfrac{\ln x}{x} + C$　　　　　　　　　D. $\dfrac{1}{x^2} - \dfrac{\ln x}{x^2} + C$

3. 若 $f(x)$ 为可导、可积函数,则(　　).

A. $\left[\int f(x)\mathrm{d}x\right]' = f(x)$　　　B. $\mathrm{d}\left[\int f(x)\mathrm{d}x\right] = f(x)$

C. $\int f'(x)\mathrm{d}x = f(x)$　　　　　D. $\int \mathrm{d}f(x) = f(x)$

4. 下列凑微分式中(　　)是正确的.

A. $\sin 2x\mathrm{d}x = \mathrm{d}(\sin^2 x)$　　　　B. $\dfrac{\mathrm{d}x}{\sqrt{x}} = \mathrm{d}(\sqrt{x})$

C. $\ln|x|\mathrm{d}x = \mathrm{d}\left(\dfrac{1}{x}\right)$　　　　D. $\arctan x\mathrm{d}x = \mathrm{d}\left(\dfrac{1}{1+x^2}\right)$

5. 若 $\int f(x)\mathrm{d}x = x^2 + C$,则 $\int xf(1 - x^2)\mathrm{d}x = $ (　　).

A. $2(1 + x^2)^2 + C$　　　　　　B. $-2(1 - x^2)^2 + C$

C. $\frac{1}{2}(1+x^2)^2 + C$ D. $-\frac{1}{2}(1-x^2)^2 + C$

6. $\int_0^1 2x\,\mathrm{d}x$ 的值为（   ）.

A. 2   B. 4   C. $\frac{1}{2}$ D. 1

7. 定积分 $\int_0^\pi (\sin x - \cos x)\,\mathrm{d}x$ 的值为（   ）.

A. 3   B. -2 C. 2   D. -1

8. 定积分 $\int_0^1 4x\,\mathrm{d}x = $（   ）.

A. 4   B. 2   C. 1   D. 8

9. $\int_0^1 (2x - 3x^2)\,\mathrm{d}x = $（   ）.

A. 1   B. 0   C. 0 或 1   D. 以上都不对

10. 由曲线 $y = x^2 - 1$ 以及直线 $x = 0, x = 2$ 和 x 轴所围成的封闭图形的面积是（   ）.

A. $\int_0^2 (x^2 - 1)\,\mathrm{d}x$ B. $\left| \int_0^2 (x^2 - 1)\,\mathrm{d}x \right|$

C. $\int_0^2 |x^2 - 1|\,\mathrm{d}x$ D. $\int_0^1 (x^2 - 1)\,\mathrm{d}x + \int_1^2 (x^2 - 1)\,\mathrm{d}x$

三、计算题

1. $\int \tan^2 x\,\mathrm{d}x$.   2. $\int \dfrac{1}{9 - 4x^2}\,\mathrm{d}x$.

3. $\int \sin^2 x\,\mathrm{d}x$.   4. $\int \dfrac{1}{\sqrt{x} + \sqrt[3]{x}}\,\mathrm{d}x$.

5. $\int \dfrac{\sqrt{x^2 - 4}}{x}\,\mathrm{d}x$.   6. $\int \arcsin x\,\mathrm{d}x$.

7. 已知 $f(x)$ 的一个原函数为 $\dfrac{\sin x}{x}$，求 $\int x f'(x)\,\mathrm{d}x$.

8. 求下列曲线所围成的图形的面积：$y = x^2, y = 2x + 3$.

9. 求 $y = -x^2 + 1$ 与 $y = x + 1$ 所围成的图形的面积.

10. 求由曲线 $y = 2x - x^2, y = 2x^2 - 4x$ 所围成的图形的面积.